# 縄文人の文化的遺伝子を今も受け継ぐ現代日本人

革島　定雄

東京図書出版

# 縄文人の文化的遺伝子を今も受け継ぐ現代日本人

目次

# 1 はじめに

われわれはどこから来てどこへいくのか？
私たちは死んだらどうなるのか？
自分はなぜ今ここにいるのか？
人間存在の意味は何か？
パスカルはこういう質問に対する答えを求めて思索を続けた。
一方デカルトはこういった質問に無関心であった。
しかしスピノザやニュートンはこういう質問に対する答えを知っていた。
つまり汎神論である。

田中英道氏はその著『日本の宗教　本当は何がすごいのか』において次のように述べています。

自然は神と置き換えていいわけです。ここで注意すべきなのは、キリスト教やユダヤ教の神とは違うことで、神が自然をつくったのではなく、自然を神という言葉で呼んでいることです。日本の場合は「神＝自然」です。

一見これは無神論あるいは唯物論という言葉で規定できそうに見えますが、自然そのものを信仰の対象とする、そういう気持ちが自ずから見えてきます。よく「お天道さま」という言葉で表される自然信仰です。人格神を信仰するということが宗教であるという概念と異なる概念がここに厳然としてあるわけです。

それは「信仰」ではないのではないか、と「近代」ではいうかもしれませんが、宗教というのは不可解なものを対象にしたとき、生まれるものなのです。証明もできない神ではなく、証明できる「神＝自然」なのです。一神教そのものが間違いであるということを、われわれの信仰の歴史が語っているのです。

「神＝自然」における自然とは宇宙そのものを指しています。従って「神＝宇宙」と表すこともでき、その宇宙の95％は目に見えない神秘的存在なのです。田中氏は次のようにも述べています。

自然が神さえもつくったということです。その自然そのものを神と呼ぶとき、それが「神道」となるのです。西洋とは逆転しているのです。この「神道」を「自然道」と呼べば現代の人々も納得できるはずです。（中略）

　現代のキリスト教の信者であれ、どの宗教の信者でも、「信仰」を捨てる必要はなく、一神という「虚構」ではなく、自然神を考えればよいのです。それをすでに、日本人が神話でいっているのです。

## 2 死んだら終わりなのか？

昭和49年に京都大学医学部を卒業した同窓生は、以前には4年に一度、近年は2年に一度同窓会を開いていますが、平成30年8月25日にも京都市内のホテルで30人余りの参加者を得て同窓会が開催されました。会食の前にメンバーの一人（稀にはメンバー以外の客演講師）が短い講演あるいは話題提要をすることが恒例となっておりますが、この度は筆者が話題提供することになりました。そこで私は次のようなレジメに沿って30分ほどお話をいたしました。

**「本当に〝死んだら終わり〟なのか？」……レジメ平成30年8月25日　革島定雄**

〝死んだら終わり〟という考えは唯物論つまり物質主義の思想に由来します。この思想の出発点はデカルトの〝コギト〟つまり「我思うゆえに我あり」にあります。デカルトは思考する我つまり自分の精神、自己意識を出発点に置きました。彼は次にその自分の精神が五感を通じて知覚している物質世界の存在を認めたのです。

そして彼は精神と物質とは全く別の存在であるとする「物心二元論」を唱えました。

また彼は法則の発見によって物質世界は理解可能であると考える理神論者でした。

彼は月や惑星の公転が天空に満ちるエーテルの渦動仮説で機械論的に説明できるとしました。

これが世界の根源は物質であり世界は理解可能であるとする唯物論、理神論の立場です。

自分の精神の存在を出発点に置きながらいつのまにか出発点が物質存在に置き代わっています。

以上のデカルトの立場が本末転倒を起こして論理矛盾を引き起こしていることは明らかです。

デカルトが存在証明したと主張する神は創造主であり、従って神による被造物に過ぎないこの世にはいません。

ニュートンはデカルトの渦動仮説は間違っており万有引力の法則が正しいと主張しました。

ニュートン力学は絶対空間、絶対時間、遠隔作用としての万有引力がなければ成り立ちません。

ニュートンは絶対空間は神の中枢神経であり引力は神の御業とする汎神論的世界観を持っていたのです。

ニュートン力学が示しているのは世界の物質はすべて繋がっており分けることができないという事実です。

世界に厳密な慣性系は存在せず、銀河系、太陽系、地球――月系、人工衛星などの自由落下系は近似的無重力慣性系ではあるものの、原則的には系の重心以外を座標系の原点とみなすことはできません。

従って、厳密な慣性系の存在を前提とする相対性原理は決して成り立ちません。

またニュートン力学同様、量子力学も絶対空間、絶対時間、量子もつれという遠隔作用がなければ成り立たないのです。

生命、進化、意識は物質主義や合理主義の立場つまり理神論的世界観では説明不可能です。

従って死後の意識や霊の存在の有無について、科学は語る術も資格も持ってはいません。

AI（人工知能）に自己意識や自我を持たすことが不可能であることは論理的、数学的に明らかです。

ガリレオ、ケプラー、ニュートンは唯物論者ではありませんでした。

彼らはこの世界は神秘に満ちているという世界観をもった汎神論者でした。

現代科学はアインシュタイン自身を神に祭り上げていますが彼は神ではなく只の道化に過ぎません。

彼は剽窃の名人ではあるものの相対性理論に矛盾があることにはうすうす気づいていました。

ダーウィンもウォレスの説を剽窃したが結局はユダヤ主義者に利用されただけでした。

麻酔科医、救命救急医、ホスピス医など死に関わる医師に汎神論者が増えています。

物理学者、脳科学者にも理神論の世界観に疑問を抱く人々が増えつつあります。

現代物理学が解明できている観測可能な物質はエネルギーに換算して世界に存在する全エネルギーの５％に満たないのです。

我々が今いるこの場にも目に見えないダークマターやダークエネルギーが存在しているのです。

この世界の95％が見えない存在つまりオカルトであることを現代科学は認めています。

そこでパスカルの賭けです。

パスカルは、人は生を受けた時点で、否応なしに「死後の世界の存在」の賭けに参加させられており、全員がどちらかに賭けなければならないとして、どちらに賭けるのが有利であるかを考察しています。

そこで彼は、存在する方に賭ける方が存在しない方に賭けるよりも圧倒的に有利であると結論づけます。

さらには、存在する方にかける方が、死後のみならず、この世の人生も豊かで幸せなものになると言っているのです。

これに対する反論は「死後世界存在の科学的証拠が無いから、どうせ死んだら終わり」といった非科学的なものでしかありません。

日本人は縄文の昔から自然即ち神と知っていましたが、パスカルは賭けの精神で論理的にその事を説明したのです。

またチャールズ・ディケンズは小説『クリスマス・キャロル』でそれを子供達にも伝えようとしました。

汎神論の自然観を育んできた日本人はそれと矛盾しないブッダの教えやイエスの教えも

受け入れたのです。

汎神論者は利己的なユダヤ教パリサイ派、イエズス会、ダーウィニズム、グローバリズムに対しては警戒心を抱きます。

以上のレジメに従ったお話を終えてもまだ15分ほど持ち時間が残っていましたので、皆に意見や質問を求めましたがなかなか発言がなく困ったなと思っていたところ、ややあってある国立大学医学部の生理学教室教授を定年退職した友人が、「大脳生理学をやってきた自分の立場はやはり唯物論であり、脳機能が停止すれば意識は消滅すると思う」といった趣旨の発言をしてくれました。その際にノーベル医学・生理学賞を受賞した神経生理学者J・C・エックルスの名前を出してくれましたので、彼の話を受けて私は「エックルスも脳神経外科医であるワイルダー・ペンフィールドも当初は脳の働きで意識は説明できると考えていたが、二人とも晩年には唯物論を捨てて〝心≠脳〟として物心二元論の立場をとるようになったのですよね」とコメントをすることができました。するとある私立医科大学の麻酔科教授を10年近く務めた経歴を持つ別の友人が「ヒトの脳は、遠く離れた脳とも連携するんだよ」と発言してくれました。つまり「意識は脳に局在しているのではないかもしれない」と示唆してくれたわけです。会場の雰囲気では前者の意見に賛成の人と後者の意見に賛成の人とが五分五分といった感じでした。

大学卒業直後は私もそうでしたがおそらく全員が唯物論者であったろうと思われますが、人の死に接する機会の多い臨床家ほど唯物論に疑問を抱くようになるようです。

前記の発言者の二人とはその後も連絡を取りあっていますが、後者の友人がメールで、玄侑宗久著『死んだらどうなるの？』を勧めてくれました。そこでさっそく読んでみたらとても面白かったので、次に同書より引用します。

（前略）ともあれここでは、こちら側からの死以外に、死にゆく本人にとっての死もあるかもしれない、という例を示してみたい。

むろん私自身は死んだことがないから、そういう文章を紹介しようというのだが、じつは最適なテキストがある。

色は匂《にほ》へと散りぬるを　我《わ》か世たれそ常ならむ
有為《うゐ》の奥山《おくやま》けふ越《こ》えて　浅き夢見し酔《ゑ》ひもせす

ご存じ「いろは歌」、濁点《だくてん》はおぎなって読んでほしいが、これはじつは「夜叉説半偈《やしやせつはんげ》」というお経《きよう》を翻訳《ほんやく》したものだ。（中略）

前半はこちら側からみた死。（中略）
そして後半がじつは本人にとっての死の描写《びょうしゃ》なのである。（中略）

玄侑氏は、いかにも僧侶らしく〝お経〟の翻訳であるとされる「いろは歌」をテキストにして、〝本人にとっての死〟を説明しようというわけです。引用を続けます。

有為の奥山を今日越えた、というのだから、つまり今日死んだということだ。しかも死んだ直後の、あるいは死につつある過程での、本人の気持ちが次に述べられているのである。
死んでみると、なんだか全《すべ》てがはっきりすっきり見える。そこから振《ふ》り返《かえ》ってこれまでの人生を見ると、まるで浅い夢、あるいは酔《よ》っぱらっていたとさえ思える。だからこれからは、「浅い夢は見るまい、酔っぱらいもするまい」と宣言されているのである。

死後の意識は生きている時よりもはるかに鮮明になるというのです。さらに引用を続けます。

物理学で想定される「あの世」は、デヴィッド・ボームという理論物理学者によって「暗在系《あんざいけい》」（ルビは引用者）と名づけられた。目に見える世界としての「明在系《めいざいけい》」に対してそう呼んだのである。
彼の定義によれば、「暗在系」とは「素粒子の霧《きり》」のような状態、すなわち純粋にエネルギーであり、しかもいたるところに均等に存在するという。これはつまり、「草葉の陰《かげ》」にも存在するということだ。

『NHKスペシャル』アインシュタインロマン第3回「光と闇の迷宮　ミクロの世界」において、ジョン・ベルが次のように語っています。「量子力学は、私達の宇宙観を変えたと思います。ほとんどの物理学者は、この変化がいかに徹底的であるかを理解していないと思います。その根本的な変化とは、この世界の二つの物体を完全に分けることはできないし、現象を過去の因果からのみ説明することもできないということです。物体は、全体として扱わねばなりません」。そのすぐ後に「ロンドン大学のデヴィッド・ボームは、目に見える現象の底にさらに奥深い秩序が隠され、その支配によって世界が成立していると考えます。」というナレーションを挟んで、ボームが次のように語ります。「ボーアは自然の全体性を主張し、アインシュタインは観測者を必要としていない客観的な現実を主張しました。私は両方の主張を取り入れるべきだと思います。もちろんそのためには、何かが犠牲になります。最後に犠牲になるのは、多分、相対性理論だと思います」。ボームのいう「明在系」とは「見える世界」のことですので、宇宙の5％足らずを占めるに過ぎないとされる通常物質からなる「物質世界」を指しています。従って「目に見える現象の底に隠された奥深い秩序」つまり「暗在系」とは世界の25％を占めるダークマターと70％を占めるダークエネルギーからなる「見えない世界」のことを表していることになります。宇宙のどの銀河も、その銀河を構成する星々の質量の約5倍の質量の「見えない物質（ダークマター）」によってすっぽり包み込まれています。そしてダークエネルギーはまさに「純粋にエネルギーであり、しかもいたるところに均等に存在する」のです。

理神論や唯物論では、目に見えない存在や遠隔作用や共時性といった不思議な働きの実在を否定しますが、実は現代物理学は、ダークマターやダークエネルギーといった目に見えない存在、そして重力や量子もつれという不思議な遠隔作用の存在を認めざるを得なくなっているのです。つまり宇宙をいくつかの系に分けて考察することは、便宜的にはある程度可能であるものの、宇宙の真の実体はというと決して分けることのできない統一された意識体（つまり神様、仏様あるいはサムシング・グレート）であるわけです。引き続き『死んだらどうなるの？』から引用します。

ボーアやシュレディンガーのような量子力学の創始者たちが、西洋の科学と東洋の哲学《てつがく》思想の思想的統一を唱えたのは偶然《ぐうぜん》ではない。東洋的な知の使い方を借りなければ、世界を描写しきれなくなってきたということだ。

(中略)

ユングは、さまざまな臨床実験のあげく、「魂」は個人的無意識の自律的複合体に対応し、「霊」は集合的無意識の自律的複合体に相当すると喝破《かっぱ》した。

(中略)駄目押《だめお》しに、ゲーデルの不完全性定理を紹介しておこう。

これは一九三一年、オーストリアの数学者であるクルト・ゲーデルが発表した不思議な定理だが、要するに彼《かれ》は、矛盾《むじゅん》を含《ふく》まない一貫《いっかん》した算術体系は、不可避的《ふかひてき》に「決定不能な」命題を含むことを証明した。もっと砕《くだ》いて言えば、どんな論理的体系でも必ず矛盾を含む、つまり論理には限界があるということだ。


ニュートン力学、量子力学、ユング心理学そしてこのゲーデルの不完全性定理が示しているのは、この世界が理神論や唯物論の世界ではなく汎神論の世界であるということです。ところで、筆者の友人の医師があるいきさつから、名古屋大学物理学教室の教授も務めた彼の父親の遺著を一冊送ってくれました。さっそく読んで感想も添えたお礼状を送ったのですが、その一部を引用します。

前略　手紙とお父様の御著書『一物理学者の想い』をお送りいただき有難うございます。早速ざっと目を通させていただきました。

物理学者として、基本的に理神論の立場を踏みはずすまいとされながらも、近代合理主義ないしマルクス主義（つまりは理神論の立場）一辺倒で良いのか、というお父様の思いも垣間見える内容だと拝察致しました。

まず三五〜三六頁に次のようにあります。

湯川は啄木の「人間のつかはぬ言葉ひょっとしてわれのみ知れるごとく思う日」という歌に、人の気づかぬ真理をかいま見たと思った時の気持ちの表現を読みとっている。

その他のことについても西と東の研究者の探求する魂には——違う場合ももちろんあるが——通じあうものが多い。

より一般的にいうならば、ボーア、シュレーディンガー、パウリ、オッペンハイマーらがそれぞれに東の哲学や宗教に深い関心を寄せていたことが知られている。

（中略）

アインシュタインは「最も不思議なことはそもそも世界が理解可能だということ

だ」と言った。彼の宗教的な信条はまさにこの不思議に基づいていた。

しかし私にとっていっそう不思議なことは、まさに我々がちょうど今、いくつかのcentral dogmaをもとにして、世界の中にありつつ世界を理解可能と考えうるような時期にたちあっているということ──宇宙における時の流れからして一瞬の刹那である今まさにそれにたちあっているということ──である。

オッペンハイマーはどうか知りませんが、ボーア、シュレーディンガー、パウリといった量子力学の創設に携わった人々は東洋の哲学、宗教が示している汎神論的世界観に心ひかれたのです。お父様も量子力学の専門家として、理神論に閉じこもっていて良いものかという想いを心の片隅に抱いておられたようです。しかし「世界は理解可能である」というアインシュタインの宗教的な信条（つまり世界は被造物であるとするユダヤの教え＝理神論）には異を唱えられることはないのです。こういった葛藤を抱えておられたことは、一七八頁の次の文からも窺い知ることができます。

例えば坂田さんは問題を近代合理主義ないしマルクス主義で一元化する傾向をもっていたが、それのみによって人間の心についての真理をおおうことはできない。その点にふれて「私は坂田さんにないものにひかれる」と言った。この言葉は原君を通じて坂田さんの耳に達し坂田さんをおこらせた由である。

手紙からの引用はここまでですが、ここでこの〝一物理学者〟に〝坂田さん〟と呼ばれている人物とは、この物理学者の先輩教授である坂田昌一名古屋大学教授のことです。坂田教授は当時湯川秀樹、朝永振一郎らと共に日本を代表する理論物理学者の一人とされていましたが、その彼がガチガチのマルクス主義者つまり確信的な唯物論者、理神論者であったというわけなのです。それに対してこの本の著者は、同じ物理学者ではあっても坂田教授とは異なり、〝人間の心〟は唯物論的に理解しきれるものではないと考えていたのです。次は『死んだらどうなるの？』よりの最後の引用です。

これまで私は、死後に関するあまりに明るい見方は紹介してこなかった。たとえばキューブラー・ロス博士は、多くの死にゆく人を見つめ続けた結果、人は死によって、さなぎから蝶《ちょう》に脱皮《だっぴ》するようなものだという。死後のほうがはるかに幸せだというのである。

キューブラー・ロスの「死後のほうがはるかに幸せだ」という考えは大きく間違ってはいな

いのですが、実は「パスカルの賭け」にあるように、それには重要な「ただし書き」が存在するのです。

それは、「どうせ死んだら終わり」とばかりに、利己的、非情、狡猾で残忍な人生を送った人間は、死後に幸福を得るどころか、大変な後悔に苛《さいな》まれることになるだろうということです。ところで先のレジメにも断片的に書いていますが、この「パスカルの賭け」に対して、ドーキンスをはじめとする唯物論（あるいは理神論）に立つ科学者達は、「死後世界の存在を示す科学的証拠が一つもないのだから、科学的に考えれば死後世界は存在しない」と反論しています。これに対して渡部昇一氏はその著『人は老いて死に、肉体は亡びても、魂は存在するのか？』で次のように述べていますが、科学者ではない渡部氏の主張の方が論理的に優っているのは明らかでしょう。

私たちは、死後の世界や霊魂の不滅といった、目に見えないもの、現実の世界とは異なった世界について考える時、往々にして、割と非科学的な考え方ですませてしまうことがあります。死者の霊を見たとか、声を聞いた、といわれれば、そんなことはあるはずがない、ですませてしまう。あるいは、それはその人の錯覚か何かだろう、で片づけてしまいます。自分にそのような現実的な体験がない場合、その「ない」という体験だけで、すべてを推し量ってしまうのです。

しかし、よく考えてみると、これ程、非科学的な考え方はないでしょう。「ある」と一方的に考えるのが非科学的なのと同じように、「ない」ですませてしまうのも、非科学的です。

佐伯啓思はその著『反・幸福論』において、トルストイの死生観を次のように紹介しています。

彼（引用者注：トルストイ）は、人が死を恐怖しなくなるロジックとしてふたつある、というのです。

ひとつは、（中略）人は死んでも大きな「生命」につながっている、というもの。そしてもうひとつは、生命とは、ただ個体の誕生から死までの一定の限られた時間のなかで発生する物質的なものの所産に過ぎない、というもの。

（中略）

トルストイは「厳密に論理的な人生観はわずか二種類あるだけ」といい、前者を正しい人生観とし、後者を誤った人生観として退けるのです。後者の人生観は唯物論的で物理主義もしくは、人間をただの動物とみている、として退ける。

佐伯氏はこのように、トルストイの〝宇宙そのものを大きな「生命」とみなす（つまり汎神論の）宇宙観・死生観〟を紹介しながらも、次のように繋ぎます。

しかし私は必ずしもそうは思いません。後者の考えはよくわかります。決して唯物論でも物理主義でもありません。実感としてわかるのです。

考えてみれば当然のことでしょう。もとはといえば、この宇宙ができる（それがどうしてできたのかはわかりませんが、いずれそれは物質的現象です）。太陽系ができる。地球ができる。そして、様々な生物ができ、やがて人類ができる。これは基本的に物質的な現象というほかありません。その中で、たぶん人間だけが高度な「精神」を生み出した。

（中略）

私は物理学のことはまったくわかりませんし、いわゆる唯物論者でもありません。しかし、この世界が、粒子やら波動やら、あるいはエネルギーやらで動いており、その意味では、広い意味で物的なもの（最近の物理学では究極的には「物質」と「物質でないもの」の区別はつかないようですが、それも含めて物的なもの）の偶然の組み合わせや流れから

「われわれ」も出来上がっている、という考えに何の不都合もありません。

この佐伯氏の考えには、実は**不都合大《おお》あり**なのです。彼の間違いの大本《おおもと》は、この宇宙の始まりを物質的現象であると決めてかかっているところにあります。現在では、この宇宙に存在するすべての（通常）物質をエネルギーに換算すると、宇宙に存在する全エネルギー（つまり全存在）のうちの5％にも満たないことが分かっており、物理学界もこれを認めています。もし宇宙の95％を占めるその得体のしれない存在も含めて物的なものと呼んでいるというのであれば、宇宙の95％を占めるその存在が霊的なものではなく物的なものに過ぎないという証拠を示さなければなりません。それに、次章でも幾つか紹介しますが、物的なものの偶然の組み合わせや流れによって、生命、進化そして意識の生成を説明することなど決してできないことは、すでに多くの思想家や科学者が認めています。つまり理神論（無神論、唯物論や有神論）の立場に立つ限り、生命、進化、意識そして死後の魂の有無をまともに論じることは決してできないのです。これらを矛盾なくまともに論じることができる唯一の宇宙観こそが、「神＝自然」の宇宙観つまり汎神論なのです。

## 3 実在する「見えない世界」

昭和7年に文章院から出版（昭和14年に成史書院より復刻出版）された櫻澤如一著『白色人種を敵として：戰はねばならぬ理由』より引用します。

西洋人は現象の世界に住んで居るから、相反する現象が同一のものであるとは思へない。その現象の彼方が見えないからである。同一の實在が相反する方向から顔を出す事が可能である事を理解する事が出來ないのである。だから或者は唯心論者となり、他の者は唯物論者となり、中庸を稱導するものでもきつと尚觀念論的傾向を示すか、唯物論的折衷を把持するかである。哲學でも唯心的か唯物的か何れか一方に偏しつゝ交替し、醫學でも分析か綜合かに、科學でさへも錬金術から化學へ、化學から物理へ、物理からクワンタ（引用者注：クォンタム、量子）へ交替往來し、遂に第五哲學的原素論（クワンタの說）の再生を見るに至つた。相反する何れをも同時に綜合して、摂取する事が出來ないのである。宗教に於てもキリスト教を取入れる爲に、ギリシヤはツオイス（引用者注：ゼウス）神を捨て、ローマ人はジュピター神を捨て、チートン人はヱツダ（引用者注：ゲルマン神話の一）を忘れねばならなかつた。西洋人は佛陀を知る爲には、キリストを忘れねばならない。現象の世界をしか認めないから、丁度肉を咬へて居る犬がその肉を落さずには口を開いて他の肉を取る事が出來ぬ様に、一つの現象、一つの觀念を捨てないでは、他の觀念又は現象を認める事が出來ない。まして物質を精神と一緒に認識する事は出來ない。こゝに二元の惱みがある。

櫻澤如一《さくらざわゆきかず》（1893―1966、〝おおさわじょいち〟、海外では〝ジョージ・オーサワ〟とも）のこの指摘は、西洋文明や西洋近代思想のもつ限界をもののみごとに言い当てています。

さらに彼は述べています。

マルキシズム沒落の原因は、その建築者等が經濟學を知つて居て、生物學を知らなかつた處にある。科學の空想的眞實性を信じて居た處にある。猶太人の唯物主義の誤謬である。（中略）私は猶太精神を、西洋精神の尖端と見倣《ママ》すべきものであると考へる。アインシュタイン氏やレ丼、ブリユール氏（引用者注：レヴィ・ブリュール〈1857―1939〉、フランスの哲学・文化人類学者）はその驍将である。（中略）

一歩立入つて彼等の信仰を吟味する時、そこに東西の根本的大相違を發見する。それは殆ど説明し難い。それは彼等の信仰の對象、或ひは信仰の世界それ自身が、「見える世界」に限られて居ると云ふ事である。神なり天國なりの思想の内容が全然「見える世界」、物質の世界、感覺の世界にあると云ふ點である。

驚くべきことに櫻澤は、満州事変勃発の翌年に出版されたこの書において、唯物主義のユダヤ精神こそが西洋精神の先端であること、マルキシズムもユダヤ精神に基づいておりしかもそれが既に没落していることを指摘しているのです。同書よりの引用を続けます。

東洋の精神は「見える世界」の根本原理として「見えぬ世界」を直觀し、それによつて「見える世界」に於ける秩序と生成を確固たらしめ、そこに絶大最高の幸福を味はふ事を念願した。こゝに東洋精神の優越がある。

（中略）定義や公理から出發してより復雑《ママ》な定理を作り、遂に幾何學なるものを作り上げ何人にも學び易くする。物理も化學も、三角も數學も何處まで發達してもこの簡易化、普遍化　即ち分析的精神を失はないのが西洋の特徴である。こゝに西洋の優趣がある。これが西洋科學文明の根本モーターである。

> 日本又は東洋では、分析を排して綜合を求める。その綜合も實は所謂綜合ではない。卽ち所謂綜合は分析の綜合である。然るに日本的綜合は直觀的綜合である。西洋精神は草の葉一枚にその進化論を發見し、植物學を創作する處を日本精神なれば生命の躍動、大宇宙の脈うち、虚空の律動を發見し、「ものゝあはれ」の詩を讀むのである。
>
> （中略）
>
> 科學は物質を支配する事に於てその優越を示し、鐵と石炭と機械とによつて世界を植民地となし、世界の富を蒐集する事に成功した。（中略）
>
> 科學的文明を作る事を西洋精神の特徴と云ひ、精神的思索を好み人生を宇宙の根本原理壯厳の「道」場と見る事を東洋精神の特徴と云ひたいのである。だから正しく云へば、そして簡單に云へば、科學の表現は「物明」で、「道」は「文明」である。だから所謂二十世紀の文明は、實は「物明」で、所謂原始的民族は、正確には「文明人」と云はるべきである。

このように櫻澤は、「見える世界」つまり物質世界の存在しか認めない唯物主義的な西洋近代文明など、真の「文明」ではなく単なる「物明」でしかないと言っているのです。また櫻澤は西洋精神と東洋精神とくに我が日本精神とのこの違いが、言葉の違いにも現れていると言います。

歐州人の言葉はその語彙が頗る貧弱である。だから彼等の言葉を東洋の言葉に譯するのは比較的容易で、時に原文をより以上明確にするが、我々の言葉を彼等のにするのには多大の困難がある。殊に精神界の事になると一層甚しい。譯出した原文の著者は實に「ESPRITS」なる一語をもつて左の如き自然人の言葉全てを譯して居るのである。

思想、心理、精神、霊、神、精、心、魂、氣、知、能力、歳、原理、眞髄、氣性、亡霊、死霊、悪魔、怨霊、妖魔、鬼神

その他この種の非肉體的現象と想像一切、及びそれの綜合。

卽ち換言せば文明人の精神は物質的には分析的であるが、精神的には頗る幼稚蒙昧で、原始人以上原始的で、精神的活動、概念化、象徴化が甚だ遅れてゐると云へる。彼等の認識は物質界を出る事は出來ない様である。(中略)現代の原始的民族も亦此の點に於ては同様に東洋的で、レヰ、ブリユール教授其他全ての白人探険者、宣教師、宗教學者、社會學者、人類學者の記録が明らかにこれを示して居る。文明白人がこれらの原始人自然人の識別を見分ける事が出來ないのは、そんな能力をもつて居ないのだから是非もない次第である。これは色盲に色が見えないのと同様である。文明人が自然人の表象概念の世界を認

定せんとするのは此の色盲が色彩感覺を触覺に代へて、手さぐりで微妙な色彩の濃度の差違を認識せんとするのであるから、その困難は尋常ではない。さてこそ彼等文明國の社會學者が原始的民族を劣等民族と假定し、その思想を研究する事によつて人類思想發展の跡を辿らんとして遭遇する困難は殆ど、科學の限界についてデユ、ボア、レヱモンの所謂絶對的困難の様なものである。第一、その出發點たる假定——原始的民族を文明人科學的人種の祖先型の寫眞の如く思つてゐる事が既に生物學的に大なる誤謬で、自分を世界の中心の如く思ひ定めてゐる歐州の學者がよくやる失敗である。

デュ・ボア・レーモン（1818－1896）はドイツの医師、生理学者ですが、その著『自然認識の限界について・宇宙の七つの謎』（坂田徳男訳）より、まず「自然認識の限界について」の「結末」部より引用します。

人は、かの五十年代に於いて霊魂に關する一種の論争の機會となつたカール・フォクト氏の大膽な斷言を想ひ起すであらう、卽ち「吾々が精神作用の名のもとに理解するところの能力はすべて脳髄の機能にすぎない、或はやゝ粗野な言ひ方を以てするならば思想の脳髄に對する關係は、あだかも膽汁の肝臓に對する、または尿の腎臓に對する關係と同じである」。専門家でない公衆には、思想を腎臓の分泌と竝置することがその品位を下げるかに思へることから、その要點に於いては、すでにカバニスに於いて見出される上の比較を聞いて感情を惡くするかも知れない。しかし生理學は、さうした審美的な階級の差別は知るところでない。生理學にとつては、腎臟の分泌は、眼や心臟の研究、其他普通に所謂高尚な諸器官の研究に於いてと全く品位は同一の學問の對象である。又精神作用が腦髓の中の物質的條件の産物であると主張せられる點は「分泌の譬喩《ひゆ》」に於いて非難し難いのである。之に反しそれの誤謬は精神作用がその性質上、腦髓の構造から理解しえられること、あだかも知識が充分進歩したあかつきに、分泌作用が腺の構造から理解せられるであらうことと同一であるかの考を起させる點に存すると思はれる。

植物の場合の如くに、精神作用の物質的條件が神經系統の形態を缺いてゐるところでは自然科學者は精神生活を認容することができないのであつて、且ここでは矛盾に出逢ふことは極めて稀である。又宇宙霊魂といふが如きものを假定するとしても、もし自然科學者がかくの如きものの假定を肯《うべな》ふまへにまづ、宇宙のどこかにおいて、イログリア（譯者註。神經系統の支柱組織、ウイルヒアウが命名した）に包まれ、適當な壓の下にある温い動脈血を給せられ、そしてそれに相應した知覺神經、知覺器官をそなへてゐるところの、その大さに於いてはかゝる宇宙霊魂の精神能力に相應してゐる神經細胞、神經纖維の集束の存在するのを示す様に要求したならば、何と彼に答辯すればよいのであらう。最後に以下の疑問が生れる、即ち吾々の自然認識の兩限界といふのも恐らくは次のことではないか、即ち吾々が物質と力の本性を理解したならば、その基礎となつてゐる實體が一定條件の下において感覺し、意欲し、思惟することをも亦解することができないであらうかといふことである。勿論この思想（引用者注：唯物論）は最も單純な思想であつて、一般に知られてゐる研究原則上、それが反駁せられるまでは、前にも述べた如く、それに從へば世界が二重に不可知に見える如き思想（引用者注：二元論）に比べては、むしろ選ぶに足る思想である。けれどもこの點に於いても吾々が何等の理解をもえられないことは必然なのであつて、このことについてこれ以上論ずることは結局無駄である。

物質界の多くの謎に向つては自然科學者は男らしき諦めを以てIgnoramus「吾等は知らない」と自白することに既に久しく慣れてゐる。今まで經來《へきた》つた捷利《しょうり》（引用者注：勝利に同じ）に充ちた途を顧み、今彼の心を支へるものは、今日知らないことも、少くとも事情の如何によつては知りうるであらうし、恐らくいつかは知るであらうといふひそやかな意識である。しかし物質と力の本性が何であるか、またどうしてそれが思惟しうるのであるかの謎を前にしては、彼は斷然一層堪へがたい判決を決心しなければならぬのである。

Ignorabimus「吾等は知らないであらう。」

（ルビは引用者による）

デュ・ボア・レーモンのこの「Ignoramus et ignorabimus」は現在では「我々は知らない、知ることはないであろう」と訳されることが多いようです。彼は「宇宙の七つの謎」において、永久に解決不可能な問題として次の七つの謎（あるいは困難）をあげています。

1. 物質と力の本性
2. 運動の起源
3. 生命の起源
4. 自然の合目的性（進化の仕組み）
5. 意識の起源
6. 言語の起源
7. 自由意志の問題

そしてこの七つの困難を示したのちに、次のように付け加えているのです。

「宇宙の七つの謎《ママ》」がこゝにあたかも數學問題集のやうに枚擧せられ順番づけられたといふことは學問上のDivide et impera「分割せよ、そして支配せよ」によつてなされた。人はそれをまたただ一つの問題、即ち宇宙問題に要約することができる。

彼の言う「宇宙問題」とは、まさに「宇宙霊魂（宇宙意識あるいは汎神論の神）が存在するのか、それともこの宇宙が唯物論の世界であるのか」という問題であるわけです。そしてもちろん彼は、唯物論では決して世界を説明できず、宇宙霊魂が存在しなければならないという立場なのです。

さてパメラ・ワイントロープ編『THE OMNI INTERVIEWS　現代科学の巨人10』にロジャー・スペリーへのインタヴューが収載されていますが、このノーベル賞学者もデュ・ボア・レーモンと同様に唯物論の限界を指摘しています。この書よりまずインタヴュアーによる前書き部分から引用します。

「科学は間違ってました。人間と世界に対する科学の解釈は、その品位を落とし、人間性を剥奪するものだった。人間の精神を含め、自然がみな量子力学に還元されたんです。豊かさ、色、美。それらがみな、数学的な概念の中に埋没してしまった」――脳科学の分野で先駆的な仕事をしてきたロジャー・スペリーは、こう言い切った。
一九八一年に有名な分割脳の研究によってノーベル医学・生理学賞を共同受賞した人物が、齢六九にして、二〇世紀科学の唯物的遺産に闘争の目を向けたのである。

以下はロジャー・スペリーへのインタヴュー部分からの引用です。

SPERRY　自由意志というのはもちろん、かつての還元主義的科学観とは対立するものです。還元主義的科学観というのは、われわれが因果的にコントロールされていて、あらゆることはわれわれが今やっているまさにそのとおり行わなければならない、われわれはどの時点でも、その時やったとおりの行動以外はできなかった、という見方です。自由意志というのは、科学において解決できない大きなパラドックス、いわゆる「三つの難問」の一つでした。

OMNI　「三つの難問」というのは？

SPERRY　意識と自由意志と価値観、これらは科学の皮膚に長いこと突き刺さっていた三本の刺《とげ》です。唯物主義的科学では、この三つのどれ一つ、原理的にさえ扱うことができませんでした。その根本的モデルに直接抵触してしまうからです。だから科学は意識、自由意志、価値観を放棄せざるをえなかった。その存在を否定するか、それは科学の範囲を超えていると言うしかなかったのです。

もちろん、大多数の人間にとって、この三つは人生で最も重要なものです。科学がその重要性、あまつさえその存在まで否定し、あるいはそれが科学の領域を超えていると言い続けるなら、人々は科学とは何かを考えざるをえません。

（中略）

**OMNI**　歴史を振り返ってみますと、科学を基盤にすえて価値体系をつくる試みは、博士が最初というわけではありませんね。博士の提案は、カール・マルクスや、フランスの生化学者ジャック・モノーなどのものと、どういう点が違うのでしょう？

**SPERRY**　彼らもまた、他の人たちがそれ以前に犯していたのと同じ誤りを犯していたと思います。あたかも彼らは、その唯物論的な哲学や、それに含まれる人間の本質や社会に対する解釈を認めるかのような形で、科学を受け入れました。

マルクス主義の価値観や世界観は、今ではよく理解されているように、科学に基づくシステムから出てくるはずのものとは、根本的にかけ離れています。（中略）

マルクス主義者やモノー、あるいは現代の非宗教的な人間主義者たちを含めた多くの人たちが科学を支持する場合、それはまたたいてい、制度化された宗教の否定をも意味しています。これは、特に現代の世界状況を考えた場合、誤りだと思われます。われわれは自分たちの視線を、利己主義、経済的利益、政治、そして日常の個人生活に必要な物質から、さらに高い価値観へと引き上げ、もっと長期的な、神のような優先性の高いものに向ける必要があります。

以上のようにスペリーは、唯物主義的科学では決してこの「三つの難問」を解くことはできないと断言しています。そして、〝科学者といえども神のような優先性の高いものに視線を向ける必要性がある〟と説いているのです。つまりスペリーは、唯物主義では到底真理には到達できないと述べているわけです。西洋人の科学者であっても、デュ・ボア・レーモンやロジャー・スペリーのように、理神論（つまり唯物論）の限界に気づく人はいるのです。そして彼らは、それぞれ〝宇宙霊魂〟や〝神〟という言葉で、宇宙に遍在する汎神論的神の存在をほのめかしています。ここでまた『白色人種を敵として戰はねばならぬ理由』からの引用に戻ります。

現代物質本位の文明はその發達の歴史に於て、それ自ら極めて若い、幼稚なものであり、その科學の内容に於てそれ自ら頗る單純で淺く、現象を突破する事が出來ないものである。

大雑つぱな物言ひをすれば、西洋人は物質界、「見える世界」の市民で、精神界の隣人であるのに、東洋人は物質界の隣人で精神界「見えぬ世界」の市民である。東洋人は西洋人の「見える世界」を理解する事は出來るが、西洋人には甚だ「見えぬ世界」が見難い。もつと大雑つぱに云へば、西洋人は東洋人の世界を認める事が出來ない。西洋人は東洋人の如き精神界を理解する力を持つてゐない。西洋人は精神的盲人――即ち霊盲である。彼等は物質界より以外を認識する能力を欠いてゐる。此の如く云へば必ず然らば西洋には信仰はないか、宗教はないかと云ふ質問が忽ち起る。現在のキリスト教の世界的進出は、何を意味するかと云ふ事になる。これを解くには先づ問題を二つに分けるがよい。即ち第一、宗教とは何ぞや、第二、信仰の本質如何である。

私は現代西洋人の説くキリスト教（即ちキリスト直接の言葉でないもの）を、宗教ではないと考へる。宗教とはこの宇宙・現象の世界の、根本原因を教へるものである。

（中略）

第二、信仰の本質如何と云へば、それは右の如き絶對智の世界観の確立、宇宙根本原理の認識徹底、即ち絶對安心立命でそれはもう自我の解放であり、絶對的幸福の發見である。平たく言へば、信仰は無畏即ち最上の完全なる幸福で、宗教はそれに至る直観を教へるものである。「隣人を愛せよ」「その敵を愛せよ」の如き、隣人、敵を認める心境はまだ宇宙の根本原理を知らないものであるから、物心一如の如き高遠なる萬物一元、無差別観の眞諦には甚だ遠い幼稚な心理的能力の世界である。こんな言葉はある特殊な場合に特殊な低級な人々に教へられた初歩の心境であつたのでキリストの眞精神ではない筈だ。現代キリスト教はキリストの精神を離れた。

（中略）私は西洋には現代では宗教も信仰も殆どないと斷言する。

櫻澤のこの断言は極論であると思われるかもしれませんが、西洋においては中世以降（とくに近代以後）、彼の言うように、キリスト教においてもイエスの愛の教え（つまり汎神論の教え）が衰退してしまって、代わりにユダヤ律法の一つに過ぎない『旧約聖書』を基とした科学主義、唯物主義つまりユダヤ精神が幅を利かせてきたというのが実情なのです。同書よりの引用を続けます。

この東西相剋の今日、何よりも肝要な事は西洋人に「見えぬ世界」を見る「眼」を開いてやる事である。「見えぬ世界」をもつてゐると云ふ事は我々東洋人の強みであり、「見えぬ世界」を否定するのが西洋人の強みなのである。（中略）

私は繰返して、日本が、東洋が西洋を、眞實の西洋を知る事を望む。

眞の西洋をまだ知らぬ事を悟る日を待ち望む。

櫻澤も、一挙に西洋人の「眼」を開いて汎神論に目覚めさせてやることができるとは思ってはいなかったでしょうが、日本人が理神論に凝り固まる近代西洋の真の姿に気づくことは大切なのです。

## 4 縄文時代から続く日本文化

小林達雄著『縄文文化が日本人の未来を拓く』より引用します。

日本文化は、今も世界的に注目されています。それは注目する個性を持っているからです。ほかのどの文化にもない特殊で独自のものがあるのです。それはなぜかと言ったら、欧米や大陸の国々の歴史の中にはない歴史を持っているからです。

それは縄文時代という、1万年以上にわたる自然と共存共生した歴史です。

新石器革命で農耕とともに定住するようになった大陸側の人々は、自然と共生しないで自然を征服しようとしてきました。人工的なムラの外側には人工的な機能を持つ耕作地（ノラ）があり、ムラの周りの自然は、開墾すべき対象だったのです。一方の縄文は、「狩猟、漁労、採集」によって定住を果たしていたため、ムラの周りに自然（ハラ）を温存してきました。自然の秩序を保ちながら、自然の恵みをそのまま利用するという作戦を実践しつづけてきたわけです。それが1000年、2000年ではなくて1万年以上続くのです。

（中略）

そもそも、新石器時代の大陸の農耕ムラは、その周囲にハラ（自然的空間）を持ちませんでした。というよりは、むしろハラを否定する論理を貫く姿勢を取るものでした。大陸側の農耕ムラにとっては、自然との共存共生を続ける自然そのままのハラ空間は、その存在自体を許さず、征服すべき空間と見做されていたのです。

小林は、自然的空間を大切にして信仰の対象とする縄文時代の自然観と、自然的空間を征服の対象としか見做さない大陸の自然観との違いを指摘します。では1万年以上も前に始まった縄文時代の自然観がそのようなものであり、しかもそれが現代まで継承されているとなぜ言えるのでしょうか？　同書よりの引用を続けます。

日本文化は、縄文で1万年以上経験したものを持っている。それが今につながっています。縄文の文化的遺伝子というものを受け継いでいると思うのです。

（中略）

私も縄文から続く文化的遺伝子というのは何だろう何だろうと思っていましたが、あるとき、ぱっとひらめいて、それは言葉だと思いついたのです。

縄文の1万年というのは長い時だけが過ぎたのではなくて、そのときに文化的遺伝子というものがいっぱい生まれていて、その中のいくつかが大和《やまと》言葉を介して現代にまでつながってきているのです。

(中略)日本列島で農耕が始まるまでの1万年以上の縄文時代は、そのほかの文明先進国がどこも体験することができなかった自然との共生を体験してきているのです。

ですから、日本的観念、日本的姿勢というのは、もともと他の国とは基盤が違うのです。ヨーロッパ的な姿勢とか考え方とか、そういうものとはもともと違うのです。

西尾幹二氏もその著『決定版　国民の歴史　上』において、日本語のルーツが縄文の遠い過去にあることを示唆しています。同書より引用します。

ヨーロッパは自然に対する人為の優越、自然を対象化し、人工化し、克服する主我主義に秀でている。批判と自立の精神の強さといってもいい。しかし、これは逆にいえば寛容と他者理解の精神に乏しく、閉ざされた理念に基づく攻撃性をむしろ特徴とさえしているともいえる。ヨーロッパ世界の地球的規模での拡大は、一面においては文明の普及であったが、他面においては破壊と非人間性の地球の隅々への運搬でもあった。それは光であると同時に闇でもあった。ポルトガル、スペインに始まり、イギリス、フランスを第二波とし、アメリカに至る地球制覇の意思と行動は、ほぼひとつながりのものと見ていい。（中略）

おそらくこの列島（引用者注：日本列島）は、言語的にも人種的にも太平洋に全身を向けていて、わずかに今から千六百、千七百年ほど前の近い過去に、文字利用においてのみ中国大陸とつながった、大陸とは浅い因縁の別個の文明である。

日本語は中国語とは遠縁の親戚語ですらない。しかも日本語は中国文字の一字一音を排し、訓読みを導入し、二種の仮名文字を混在させる自由自在な表記法において、漢字漢文より高機能のより進んだ文字文化を発明し、発達させさえもした。

（中略）日本語のルーツは、二千年から三千年程度の幅ではとらえられず、弥生時代をはるかに超えて、縄文の遠い過去にまでさかのぼって探さなければならないということになるであろう。

以上のように、小林、西尾両氏が揃って、日本語が縄文時代に発していること、そしてそれが日本人の文化的遺伝子となっていることを認めています。次に縄文時代の自然信仰について、まず『縄文文化が日本人の未来を拓く』より引用します。

実は、縄文の記念物には、非常に重要な要素が見られます。それは富士山を望んでいるものがたくさんあるのです。そして、実際の富士山が見えない場所でも、やはり〇〇富士とあだ名をつけた山が今も各地にありますが、そんな見事な左右対称の三輪山型（神奈備山型）の山がちゃんと見える所に、いわゆる記念物が設けられていたりします。

詳しい因果関係はよく分かりませんが、少なくとも記念物を造るときに縄文人は山を相当気にしていて、その山に対してきちんとその記念物の設計を合わせている。これはもう紛れもない事実です。

（中略）

多分、その山には名前がついていて、そして山の特別な力、精霊を認めていた。だから、縄文人は山をずっと気にしています。

（中略）

世界観というのは目に見えないものですが、縄文人は目に見えないものを見えるものにしようとしました。それは面白い事実です。

透明人間というのは見えません。しかし、見えないけれども包帯でぐるぐる巻きにすると、透明人間が現れるのと同じです。

石で並べると世界観が浮かび上がってくる。土手を築くと世界観が浮かび上がってくるわけです。そしてその土手と太陽の運行（夏至、冬至、春分、秋分）をちゃんと合わせています。

次の引用の如く、田中英道もその著『日本の宗教　本当は何がすごいのか』において、日本の祭りが縄文時代に発する自然信仰に起源を持つのだろうと明言しています。

日本の祭りとは、基本的に自然の神々と交わろうとするものです。農耕にまつわるものを中心に、四季折々、自然の移り変わりに応じて祭りをやっていくのがまず原則です。これは自然の移り変わり、自然の変化に応じて人々が気持ちを変えていく、感情が変わっていくということを祭りという形で表現していると思われます。むろん自然から御霊《みたま》信仰、皇祖霊《こうそれい》信仰に移っていきますが、基本は自然の神です。

（中略）

青森には、三内丸山《さんないまるやま》という縄文時代の遺跡があります。「ねぶた」はその縄文文化を受け継いでいるというふうに見えます。東北・関東はもともと勇壮な人たちが多かったことを示しています。茨城の鹿島《かしま》神宮は、今では忘れられていますが、おそらく鹿追《しかおい》という狩猟・採集時代の縄文の名残があったと思われます。

（中略）

戦後は農耕的な弥生ばかりを重視する傾向になり、稲作が日本文化を支えたと思われがちですが、それ以上に狩猟・漁労《ぎょろう》・採集という縄文時代の生活形態が基本になっていたわけで、その感覚が祭りにも残っているのです。それがまた日本の創造力にもなっていくと私は見ています。東北・関東地方は、そういう創造力をもっていることが祭りを見ればわかるのです。

（中略）

つまり日本の祭りの在り方は、自然と神と一体になることなのです。囃《はや》しと踊りで人々は非日常の中に入ることはもちろんですが、時間的・空間的にも工夫がなされているのです。

西尾幹二も、前掲書（『決定版　国民の歴史　上』）において、日本文化が縄文時代から一万年以上もの間、その連続性を保っていることを語っています。同書より引用します。

なるほど、日本という国号が誕生してからまだ二千年はたっていないが、この列島の文明はユーラシア諸王朝の交代劇を尻目に、ひたすら上昇しつづけてきた。

十世紀唐の崩壊以降、一国の民族史としての中国史などというものはまったく存在しない。しかし、この列島の歴史は縄文・弥生の一万年を背中に背負って、それと直結しえんえんと同一化された文化の連続性を保っているのである。

江戸時代に日本は経済的にも中国を凌駕し、外交関係を絶って、北京政府を黙殺しつづけていた事実を忘れてはならない。

(中略)

日本の歴史にかかわりを持ち始めるのは、後期旧石器時代の縄文時代以来である。縄文時代は後期旧石器時代と新石器時代の両方にまたがる。新石器時代は周知のとおり、縄文時代と弥生時代とに分かれる。

(中略)

なんといっても注目すべきなのは、土器の古さと多様さである。日本以外の地で世界一古い土器は西アジアのそれで、最古のものが八千年前程度といわれている。縄文土器は先述のとおり、一万六千五百年前をも記録しており世界一古いが、それだけでなく、質量ともに抜群である。

土器のルーツといわれてきた西アジアの壷も、年代的にはとうてい縄文土器と太刀打ちできない。しかも、西アジアのそれは、すべて物を貯蔵する用途であるが、日本列島の土器は、早くから煮炊き用に供され、そこに加熱の跡を残しているのである。（中略）

縄文文明には神殿もあり、天文学もあり、外洋航海術もあり、家畜の飼育も行われていた。高床式の祭殿建築には、まれにみる高度な建築技術が駆使されていた（中略）

畜産はないと思われていたが、じつはブタの飼育の可能性を示すデータが増えている。

縄文人は太陽の運行を熟知していた可能性が高い。栃木県寺野東遺跡から眺めていると、冬至の日にぴたり筑波山頂から朝日が昇る。群馬県天神原遺跡から西を見ていると、春分、秋分の日に妙義山の三つの峰の真ん中の頂上に太陽が沈む。こうした例は、ほかにも至るところの遺跡で発見されている。

（中略）

日本の歴史は背中になにか大きな、目に見えないパワーを背負っている。平生、そのことに誰も気がつかない。よく、人は日本は画一的で多様性に欠けるとか、あるいは排他的で自分の純粋性にこだわるとかいう人がいるが、私はまったく逆ではないかと考えている。

次に『市販本　新版　中学社会　新しい歴史教科書』（自由社）より、「縄文時代の生活」の項を引用します。

従来、縄文時代は、狩猟《しゅりょう》、採集《さいしゅう》による不安定な移動生活で、貧しく原始的な生活をしていたと考えられてきた。ところが、青森県の**三内丸山《さんないまるやま》遺跡《いせき》**から、約５５００年前の大きな定住集落の跡《あと》が見つかり、縄文時代のイメージを大きく変えた。この地では１５００年もの長い間定住生活が営《いとな》まれ、最盛期には５００人ほどの人々がいたと考えられる。三内丸山遺跡の集落では、すでに簡単な農耕《のうこう》が行われ、エゴマ、ヒョウタン、マメ、クリなどが栽培されていた。

縄文時代には、すでに稲作が行われていた。それは陸稲《りくとう》栽培であり、規模も小さかった。当時の日本列島は食料に恵《めぐ》まれていたので、大規模《だいきぼ》な農耕や牧畜《ぼくちく》が始まるにはいたらなかった。

人々は自然の豊かな恵《めぐ》みに感謝し、また、子孫を生み育てる女性をかたどった独特な形の**土偶《どぐう》**や漆塗《うるしぬ》りの装飾品などをつくって祈《いの》りを捧《ささ》げた。縄文時代は、平和で安定した社会がつづき、日本人のおだやかな性格と日本文化の基礎が育《はぐく》まれたと考えられる。

２０１８年12月23日にＮＨＫ『サイエンスＺＥＲＯ』「弥生人ＤＮＡで迫る日本人の起源」

が放映されました。これを見たある友人が私に「われわれ日本人は縄文人の子孫であると思っ

ていたのに、現代日本人の遺伝子には縄文人由来のDNAは少なく、渡来人の遺伝子の方が

ずっと多いらしいことを知り大変ショックだった」と告げられました。後日、私もその番組を

NHKオンデマンドで見ましたが、全然問題ないことが分かりましたので、早速その旨連絡し

ましたところ少し安心されたようでした。

この番組では、弥生人の核DNAの分析結果から、福岡の弥生人は縄文人と渡来人とのほぼハーフであるのに対して、岩手・弥生人は100%縄文人の遺伝子であったことがわかったと伝えています。このことは弥生時代に西日本に少しずつ渡来人の血が入ってきて、徐々に混交が進んだことを示しています。縄文人の人口はそれほど多くはなかったでしょうから、継続的に渡来人が入ってきたとしたら渡来人のDNAが徐々に優勢になることは当然なのです。それでも現代日本人に縄文人のDNAが20%程も残っているということは、縄文人が渡来人に征服されたとか、あるいは弥生人なる別の人々に取って代わられたということではないことを如実に示しています。特に現代日本人が日本語を共通言語とする単一言語民族であることを考えれば、渡来人が縄文文化に取り込まれていったということになりましょう。また前掲の教科書にもあるように、縄文時代から陸稲栽培を行っており、それどころか実は、西尾幹二が前掲書(『決定版　国民の歴史　上』)に「コメも陸稲《りくとう》はもとより、天水田《てんすいでん》といって、自然の水たまり

のような地形利用の稲作が、縄文時代中期（五千年前）には始まっている」と記しているように、水田稲作もすでに始まっていたとも考えられるのです。弥生時代に大規模な水田稲作が広がったのは、多数の渡来人受け入れに伴う人口増加に対する、対応策の一つだったのではないでしょうか。『決定版　国民の歴史　上』よりさらに引用します。

渡来人が弥生文化をつくったのではなく、外からの刺激や情報があって、縄文人のなかから弥生文化が徐々に生まれてきたのである。弥生文化を担った主体はどこまでも縄文人である。稲作文化を持った外国系の弥生人が大挙してやってきて、縄文人を追い払ってしまったという話ではない。一万年以上もつづいた人間の生活文化が、そんなに簡単に消え去るものではない。竪穴式住居や丸木舟をつくる技術などは弥生時代になっても、いぜんとしてつづいていた。木の実の貯蔵穴も出土している。採集狩猟の生活スタイルは縄文時代のそれをずっと引き継いでいる。

（中略）

かりに「越人」が渡ってきても、すでにできあがっていた日本語の世界に埋没してしまう程度の少数民族の渡来であったに違いない。さもなければ、長江流域のどこかに、日本語に近い言語が見つかるはずである。民族大移動の可能性が小さいのは、アジアのどこにも原・日本語の痕跡が認められないことに求められるべきである。

（中略）

大阪府立弥生文化博物館と館長の金関《かなせき》恕《ひろし》氏が編集した『弥生文化の成立』という本がある。その本の副題は「大変革の主体は『縄紋人』だった」となっている。

（中略）

この本の中に、「討論　弥生文化成立のプロセス」という、関係者による座談会が収録されている。

紀元前三世紀頃に弥生人という特殊な人種が活躍し始めたという思い込みに対し、研究者のひとりがさらりと次のように言っていることが私には面白い。

> ただし、その場合の「弥生人」は、「弥生人」という考古学的な名称であって、実際には瀬戸内や四国の縄紋人が変化してきた人々を「弥生人」と呼んでもいいと思います。いわゆる「弥生人」の中には、渡来人そのものはあまり含まれていないのではないでしょうか。

確かに初期の弥生人には渡来人のＤＮＡ遺伝子はまだ少なかったのでしょうが、長年にわたってさらに多くの渡来人がやってきて、縄文人と混交し、同化し続けたことにより、現在では縄文人のＤＮＡ遺伝子は薄まってしまっているのでしょう。しかし日本人の文化的遺伝子である日本語が他の言語に取って代わられることは、決してありませんでした。つまり縄文文明は、日本語という言葉を介することによって、今日に至るまで綿々と受け継がれているのです。

## 5 日本語は汎神論の言語

耳鼻科医で大脳生理学者でもある角田忠信が1978年に著した『日本人の脳』より引用します。

『日本人とユダヤ人』という本の中で、「日本には日本教という宗教は厳として存在するが、これは世界で最も強固な宗教であって、その信徒自身すら自覚し得ぬまでに完全に浸透しきっている。日本教徒を他宗教に改宗さすことが可能などと考える人間がいたら、まさに正気のさたではない」と述べているひとがいる。彼によれば、日本人とはまず日本教徒であり、その中にキリスト派、創価学会派、マルクス派、進歩的文化派などの分派がある、と鋭い分析をしている。われわれが無意識に思想や行動の原点としているという日本教なるものの正体は、私が且て別のところで説明してきた、ロゴスとパトス的な脳が同居するという、日本語を母国語とするわれわれに宿命的な共通の基盤をさしているのではなかろうか。そしてわれわれ自身が、われわれのもつ異質性に気付かないか、もしくは気付きたがらないところに、問題が残されている気がしてならない。

念のために、原著であるイザヤ・ベンダサン（山本七平のペンネームか）著『日本人とユダヤ人』より当該部辺りを引用しておきます。

ユダヤ人が庶民一人々々に至るまで、はっきりユダヤ教徒という自覚をもつに至ったのは祖国喪失の後である。事実、旧約聖書が最終的に編纂されたのは紀元一〇〇年のヤムニアの会議においてであり、タルムドの編纂はそれ以降である。

日本人はそういう不幸に会っていないから、日本教徒などという自覚は全くもっていないし、日本教などという宗教が存在するとも思っていない。その必要がないからである。しかし日本教という宗教は厳として存在する。これは世界で最も強固な宗教である。というのは、その信徒自身すら自覚しえぬまでに完全に浸透しきっているからである。日本教徒を他宗教に改宗さすことが可能だなどと考える人間がいたら、まさに正気の沙汰ではない。

山本七平氏であろうと思われるこの著者は、日本人は日本教という世界で最も強固な宗教を持っていると断言しており、さらに角田忠信氏は、その日本教の正体とはロゴスとパトス的な脳が同居するという、日本語を母国語とするわれわれ日本語人に宿命的な共通の基盤をさしているのではないかと示唆しているのです。それにしても、イエスの時代には『旧約聖書』がまだ最終編纂されていなかったという事実には驚かされます。次に角田忠信著『日本語人の脳』（2016年出版）より引用します。

日本人の母音の処理方式が世界の言語圏とは異質で、この差が日本人の精神構造と文化の差の基底にあるという説には、欧米諸国からも猛反発があり、ドイツ誌は日本人優越論を主張する超愛国主義者でナチスの再来とまで非難され、私の説は理解されずに非難を浴びせられた。

つまり、日本人の母音の処理方式が世界の言語圏とは異質であるという科学的事実に基づいて、日本の文化や日本人の自然観の異質性を論じたら、差別主義者扱いをされたというのです。次に同書中の「脳の中の小宇宙――驚くべき脳センサーの話」と題された、峰島旭雄と角田忠信の対談部分より引用します。

**峰島**　「あ」とか「お」とか、単一の母音そのものに言魂のような命を感じるという、そういう文化が日本にはあるような気がしますね。（後略）

**角田**　（前略）虫の声は言語ではありませんから、当然右脳で処理されると予想していたんですけれども、これが左脳でした。多数の被験者で試しましたが、日本人は必ず左脳で聞き、それに対して外国人は右脳でした。そこで気付いたのは、この原因は文化の差だということです。文化の差を検証するためには、母親の声や猫の鳴き声や雨音など、生活の中の自然音で比較しなくちゃならないということに気づいたのです。

（中略）西欧人では、左脳は言語音と子音、そして計算を司り、あとは音楽も機械音も泣き笑いの声も虫の音も、全部右脳が司っています。日本人は音楽（西洋音楽）と機械音などの雑音は右脳ですが、あとは全て左脳だったのですね。日本人にとって、まさに左脳は有機的な心の世界、右脳は無機的な物の世界なんです。

つまり、従来言われておりましたような、ロゴス（言語）とパトス（情緒）と自然が混然一体となっている日本文化の特徴が、この図式でものの見事に立証されたと申しますか、脳の働きのレベルで文化論の裏付けがとれたように思います。外国人ではロゴスと計算は一緒ですが、パトス的なものや自然はそれとは切り離されているんです。

一九七四年にこの成果を解釈して発表したところ、大きな反響がありました。それは伝統的な西洋哲学と日本人の考え方、在り方の差というものが、非常にうまく説明できたからだと思います。私は「精神構造母音説」と名付けて発表しましたが、そのデータは今でも全く変更する必要がありません。そしてこういう脳の違いが、日本語を使うということから生まれたこともはっきりしております。DNAの違いとかではありません。

言語における母音や自然音の位置づけが、脳の働きひいては精神構造と深い関係があるというのです。ここで「左脳」と「右脳」という言葉が用いられていますが、正確には「左脳」は大脳の言語優位半球つまり言語脳を、「右脳」は他の大脳半球つまり非言語脳を指しています。角田も指摘していますが、右利きの人ではほとんど全員において左脳が言語脳であり、左利きの人においては右脳が言語脳であることも少なくないそうです。しかしここでは左右にかかわらず言語脳のことを仮に左脳と呼んでいます。そして意味のある音（つまり言語や情報）と感じればその音は左脳に入り、そうでない音は雑音として右脳に入るということです。また、右脳に入る音が持続すると、やがてその音は音として意識されなくなってしまいます。ネット上には、次のような角田氏の体験談も紹介されています。キューバのハバナでの学会において虫の音《ね》がすごく大きいので、現地からの参加者数人にそのことを話したところ、彼らはそろって「何も聞こえない」と答えたということです。

次にやはり同書中の「不思議な日本人の脳と日本語の力」と題された、林秀彦と角田忠信の対談部分より引用します。

**林**　明治時代の日本人は、押し寄せてくる西欧の文物に対して、「和魂洋才」という方途を考えつきました。この概念は、西欧の圧倒的な力を見せつけられた日本人にとって、ぎりぎり最後の痩せ我慢、土壇場の美意識といったものではなかったかと私は思っています。西欧に対抗し、独立をまっとうするために「洋才」は導入せざるを得ない。しかし、「和魂」だけは死守しなければ日本は別の形で衰亡するかも知れない。そういう予感みたいなものが明治人にはあった。

この予感はその後百数十年を経て、いま的中しつつあるように見えます。ではそもそも、「和魂」とは何だったのか。日本人が日本人であることの鍵は何なのか。「ガイジン」すなわち「非・日本人（ノン・ジャパニーズ）」と我らを分かつものは何なのか。その答えを角田さんのお書きになった『日本人の脳』（大修館書店）に見いだしたときの衝撃は今も忘れられません。

（中略）

**林**　私は日本を逃げ出してオーストラリアに住み着いてから一四年になりますけれど、アングロサクソンと日本人はなぜこうもことごとく違うのかと嘆息するような毎日です。それが角田さんの『日本人の脳』を読んだときは、目から鱗が落ちるというのを実感しました。

私は、白人の文明の基底はキリスト教文明であり、根本的には嫉妬から発した文明だと思っています。今のアメリカを見ても分かるように〝富への欲望〟と言い換えてもいい。厳しすぎる環境が彼らに力を与え、彼らは個人としても民族としても、富の独占を指向せざるを得なかった。言ってみれば生き残りの原理です。

この飽くなき欲望追求が不可避である以上、つまり善として肯定しなければならないのなら、宗教はその原動力を何らかの形で擁護し、行き過ぎを抑制する機能を持たざるを得ない。今、西欧ではそれが抑制できなくなっている。欲望と、嫉妬と、科学が、「神を死なせた」と言っていいのではないかと思うんです。

私たちにとって厄介なのは、そういう彼らの嫉妬なり欲望なりは、日本語で表現できるものではなく、完全に非寛容であり、反対者を駆逐せずにはおかないものであることです。しかも、彼らはロゴス（言語）ですべて解決できると思っている。彼らにとって言語は武器です。日本人にとって言葉が武器だったことはない。この決定的な差異を認識しない限り、双方にとって大きな不幸をもたらすと思うんですね。

**角田**　ただその脳の差異は人種とかＤＮＡレベルのことではありません。あくまでも日本語という言語によるんです。肌の色、瞳の色の違いが脳の機能の違いにつながっているわけではない。日本語の「音」の中に秘密がある。

角田は、その〝脳の差異〟が人種とかＤＮＡレベルの差異によって生じているのではない事を、何度も強調しています。彼はその差異は、母語が日本語であるか否かによって生じると言っているのです。つまり日本人の持つ文化的遺伝子というのは、ＤＮＡという生物学的遺伝子によってではなく日本語という言葉によって伝えられているというわけです。引用を続けます。

**林**　それにしても、なぜ日本語やポリネシア語を使う人だけが母音を左脳で聴くようになったんでしょう？

**角田**　それはいまも研究しているテーマなのですが、話し言葉の中の母音を脳でどう処理するかという過程の違いですから、言語学的な説明は私にはできない。しかし、母音一つでも意味を持つという特徴が日本語やポリネシア語にはあります。また、母音だけの組み合わせの「有意語」が多い。

**林**　なるほど。英語を文字に綴って母音を隠して子音だけを見ても、意味はある程度伝わります。ドイツ語もフランス語もまあ同様です。しかし、日本語をローマ字に綴って、そこで母音を隠すと、まったく意味が伝わらなくなる。「胃（い）」とか、「絵（え）」とか、「尾（お）」とか母音だけの言葉もたくさんある。こんな言語はほかにありません。ポリネシア語のことは断定できないけれど、母音は日本語の母だと私は考えているんです。一切の意味の母でもある。

以前数人の友人たちとお茶会をした時に、京都生まれ京都育ちの日本人女性とたまたま隣り合わせになりました。彼女は英語が堪能で、英国人や米国人の友人を多く持っており、現在も彼らと頻繁に交流していることを知っていましたので、以上のこと、つまり英語をはじめ日本語以外の言語は子音が骨格をなしており母音には意味が与えられていないことを伝え、その証拠にヘブライ文字には母音を表す文字が存在しないことも話しました。するとと聡明な彼女はしばらくして「ああ、それで分かった！」と言って、次のような話をしてくれました。

彼女が英国でイギリス人に日本語を教えていた時の話だったと思いますが、その日本語を教えていたイギリス人の生徒さんの一人が、「日本語の〝おばさん〟と〝おばあさん〟の違いが分からない」と言ったそうです。私はそれを聞いて最初は「イギリス人でも“aunt”と“grandmother”の違いが分からないはずがないのに」と思ったのですが、よく聞いてみると「日本語の〝おばさん〟と〝おばあさん〟を聞き分けられない」ということでした。彼女は他のイギリス人にも日本語の〝おばさん〟と〝おばあさん〟を聞いてもらったところ、やはり全員が聞き分けられなかったそうです。

そして「長年その理由が分からなかったのが、ようやくその謎が解けた」と言ったのです。ここまで書いて、「まてよ」と思いました。それは英語の「おばさん」つまり“aunt《アーント》”と「蟻」“ant《アント》”は区別しているではないかと思ったからです。そこで調べてみると、現在の米国では75％の人がどちらの単語も区別なく「エ」と「ア」の中間のような母音を用いており、一方英国では区別しているということですが、「蟻」の方は米国と同じ発音だが「おばさん」の方は「ア」とか「アー」と発音するそうです。いずれにせよ「ア」と「アー」の区別ではなかったのです。やはり彼らは「ア」と「アー」は区別していないし、どうやら区別できないようなのです。引用を続けます。

**林**　（前略）ガイジンなら右に行く虫の音が日本人では左に入ってくるので、それに意味を持たさざるを得ず、一定のカテゴリーに当てはめることになった。これが日本語に擬声語、擬態語を極端なほど多様に、豊富に生み出させた原因ではないか。

そして、これらのことがガイジンと異なる自然認知の精神構造を育て、自然を人間と対立するものではなく、一体不離のものとする感覚に導いたのではないかと思うんです。こうしたごちゃごちゃなところが八百万神の源であり、日本人の「こころ」を形づくったのではないか。ロゴスとパトスがごちゃまぜになっているもの、それがハートでもなく、スピリットでもない、日本人独特の「こころ」ではないかと。

**角田**　なるほど。しかし、そういう日本人の特異性というものは、外国人から見たら決して愉快ではないというのが、実のところ私の正直な感触です。たとえばアメリカの学問も随分と政治に影響されているように見えます。初めは少数民族を理解すべきだという相対論を掲げる人たちが頑張っていたものが、いまでは一変して、ある種の普遍論を押し付けようとしているのではないですか。違いは許さないという非寛容が感じられる。

**林**　たしかにガイジン、白人の普遍主義は例外的な存在に対して劣等というレッテルを張って排除してきた。

**角田**　逆にその特異性に対して、それは日本人の優越感の現れで人種差別だという反発もある。とくに日本経済が世界を席巻していた頃は、私のところへやってきた欧米の多くのマスコミが「角田の本はけしからん」というそんな感じでした。私は別に日本人が優れていると言ったわけではない。

**林**　脳の機能が違うと論じただけなのに。

**角田**　違うというのは上下の意識だと（笑い）。優性だと言っているのと同じだと決めつけてくるんですね。

角田氏は、「神＝自然」と感じる日本人の自然観の特異性を、日本語の特異性に結びつけて科学的に考察しただけであるのに、東洋に対する西洋の優越を当然のこととしてきた欧米のマスコミは、「西洋の優越性を否定するような角田の主張はけしからん」とねじ込んできたわけです。最近リベラルが広めている言葉を用いるならば、彼らリベラル勢力は「ヘイトスピーチ」のレッテルを貼ることによって、角田の言論を封殺しようとしたのでしょう。さらに引用を続けます。

**林**　日本文明の価値というのは、彼らの言葉、論理にあてはめて容易に説明できるものではない。

たとえば「ご神木」という感覚、何ゆえその樹木が尊いかということは科学的に証明できないけれども、不可知であっても尊いと思う日本人の感覚は、「人間は人間、自然は自然」とはっきり区別して認識している彼らからは遠い世界です。ここで虫も、川も、人間も一体であるというのは、言葉を鍵に考えると得心がいくんです。ちょっと極端に言えば、みんな同じ言葉をしゃべっている。母音という母親の膝の上で万物はみな同胞だという感覚をそのまま受け入れているのが日本人ではないですか。

（中略）

**角田**　日本人の脳が違うというのは、結局、大脳皮質以上に無意識のレベルでの話なんですね。今、日本人を考えるとき、アジア人であると同時に一方で西欧化した日本人という像がある。実はもう一つあって、縄文時代以来日本語を守って山の中で古い神様を守ってきたような、それこそ説明不可能な日本人の原像がある。私はこれこそが日本人の本質ではないかと考えているんです。無意識に持っている古神道の世界観、それを日本人の脳はメカニズムとして持っていると言い換えてもよい。（後略）

イザヤ・ベンダサン（おそらく山本七平）が日本教と名づけたものこそ、この日本語を母語とする人が共通して持っている「万物はみな同胞である」という汎神論の世界観のことでありましょう。このことについて、本章の冒頭で引用した角田忠信著『日本人の脳』に、次のような興味深い記述があります。

ハイゼンベルクは、

日本からもたらされた理論物理学への大きな科学的貢献は、極東の伝統における哲学的思想と量子論の哲学的実体の間に、なんらかの関係があることを示しているのではあるまいか。今世紀の初め頃にヨーロッパでまだ広く行なわれていた素朴な唯物的な思考法を通ってこなかった人たちの方が、量子論的なリアリティの概念に適応することがかえって容易であるかもしれない。（辻哲夫『日本の科学思想』）

とのべているが、量子力学の領域の日本人の創造活動が、実は西欧的窓枠からは異質な発想に基づくという評論は興味深い。（後略）

ハイゼンベルクが述べているように、量子論的なリアリティつまり「実在は観測者に依存する」とする汎神論的な実在観は、特殊相対性理論の前提となる「客観的実在が観測者とは関係なく存在する」とする唯物論的な実在観とは明らかに異なるのです。１９３０年8月10日の『ニューヨーク・タイムス・マガジン』に、アインシュタインと、彼の別荘を訪れたインドの大詩人タゴールとの会話の記事が載ったということですが、『ＮＨＫスペシャル』アインシュタインロマン第3回「光と闇の迷宮　ミクロの世界」では、その時の対話の様子を次のように描いています。

【ナレーション】１９３０年、アインシュタインが量子力学者たちとの激しい論争を繰り広げていた頃のことです。それは詩人と科学者の、東洋と西洋の、深い淵を隔てた対決でした。

**タゴール**：「この世界は人間の世界です。世界についての科学理論も、所詮は科学者の見方にすぎません。」

**アインシュタイン**：「しかし、真理は人間とは無関係に存在するものではないでしょうか？　たとえば、私が見ていなくても、月は確かにあるのです。」

**タゴール**：「それはその通りです。しかし、月は、あなたの意識になくても、他《ほか》の人間の意識にはあるのです。人間の意識の中にしか月が存在しないことは、同じです。」

**アインシュタイン**：「私は、人間を越えた客観性が存在すると信じます。ピタゴラスの定理は、人間とは関係なく存在する真実です。」（後略）

ここでのタゴールの立場は、宇宙論における人間原理の立場、つまり「宇宙はなぜ存在しているのか？」という問いに「もしそうでなければそんな質問を発するものは誰もいない」と答える立場と同じです。さらにその立場は、「意識を持った観測者がいなければこの宇宙は存在しない」とする立場、つまり「神＝宇宙（自然）」とする汎神論の立場そのものなのです。ハイゼンベルクが感じたように「極東の伝統における哲学的思想」が「量子論の哲学的実体」によくあてはまるのは当然の事だったのです。なぜなら両者とも同じ汎神論の世界観に立っているのですから。

## 6 日本人に早期英語教育は必要か？

前章の内容と重なる部分も多いのですが、復習の意味もこめて黒川伊保子著『日本語はなぜ美しいのか』より引用します。

日本語は、母音を主体に音声認識をする、世界でも珍しい言語である。対して、欧米各国やアジア各国の言語は、すべて、子音を主体に音声認識をしている。しかも、これらのことばの使い手の脳では、母音は、ことばの音として認識しておらず、右脳のノイズ処理領域で「聞き流して」いるのだ。

話者の音声を、母音で聴く人類と、子音で聴く人類。「言語を聴く、脳の方式」という視点でいえば、世界は、大きく、この二つに分類される。

この二つの人類は、脳の使い方が違い、ことばと意識の関係性とコミュニケーションの仕組みが、まったく違うのである。

ここまでは角田理論のおさらいです。次に黒川は言語モデル習得の問題を論じています。

脳の中に二つ以上の言語のモデル（仕組み）をもてるのは、おとなと同じ仕組みの脳になってから。子どもの脳のうちは、二つ以上の言語モデルを詰め込むと、母語の仕組みが壊されてしまうのだ。ちなみに、子どもの脳がおとなの脳に変容するのは一二歳である。

日本語と同じ仕組みをもつ言語で、現在確認されているのはポリネシア語族（ハワイ語もこの語族の仲間）だけである。したがって、ハワイ語やポリネシア語なら幼少期から日本語と混在させても大丈夫なのだ。同じ理由で、英語を母語とする人が、ドイツ語やフランス語を幼少期から混在させても問題ない。

世界の経済主要国の言語がすべて「反対側」のモデルである以上、日本人の早期の外国語教育には注意が必要だ。

特に、科学、設計、デザイン、芸術のような分野で、子どもにクリエイティブな才能を発揮させようと思ったら、一二歳までは、脳を一つの言語モデルに閉じておく必要がある。胎児のときからしっかりとつかんできた感性を、おとなの脳になるまで温存しておかなければ、想像力も創造力も発揮できないからだ。

以上のことを踏まえて、黒川は日本における外国語教育の開始年齢について次のような考えを示します。

日本人の外国語教育の開始適正年齢を尋ねられたら、私はこう答える。

クリエイティブな才能を期待する子には、ぜひ、一二歳頃からにしてほしい。オペレーション能力やコミュニケーション能力で生きていくのなら、言語脳完成期を過ぎた八歳頃から始めてもかまわない。(中略)

私は、何も、やみくもに外国語教育に目くじらを立てているのではない。一二歳以下の、言語モデルの混在は、クリエイティブな感性にかげりを与える可能性がある、といいたいだけなのだ。だから、日本語の対極にある言語モデルである英語を、小学生に一律に施すことを憂えるのである。

黒川は角田忠信の研究成果および語学モデルが固まる時期を踏まえたうえで、日本人の小学生に一律に早期外国語教育を施すことの危険性を訴えているのです。この件については後でまた考察します。黒川はこの本で角田説を分かりやすく紹介してくれているのでそれも引用しておきましょう。

ことばの音を、母音と子音に分類できるように、世界の言語は、母音骨格で音声認識をする「母音語」族と、子音骨格で音声認識をする「子音語」族の二種類に分けられるのだ。

（中略）

母音骨格の音声認識をする日本人は、当然、母音を言語脳（左脳）で聴いている。

ところが、欧米各国語やアジア各国語の使い手たちは、母音を言語脳では聴いていないのである。右脳で、「音響効果音」としてぼんやりと聴いている。

このことは、すでに三〇年近く前、東京医科歯科大学の角田忠信博士が著書『日本人の脳』で明らかにされている。

角田先生によると、日本人と同じように母音を左脳で聴いていると判断できるのは、現在、ポリネシアン語族のみ。ポリネシア語、ハワイ語などを含む、南太平洋諸国のことば群である、ということであった。

ぼんやりと聴いていれば、日本の方言の一つのように聞こえる韓国語なのに、朝鮮半島の人たちは、欧米と同じ、母音を右脳で聴く民族なのだそうだ。

（中略）

母音を言語脳で聴き取り、身体感覚に結びつけている日本人は、母音と音響波形の似ている自然音もまた言語脳で聴き取っている。いわば自然は、私たちの脳に〝語りかけて〟

くるのである。当然、母音の親密感を、自然音にも感じている。だから、私たちは、虫の音を歌声のように聴き、木の葉がカサコソいう音に癒しを感じ、サラサラ流れる小川に弾むような喜びを感じる。自然と融和し、対話しながら、私たちは生きてきたのだ。

母音を右脳で聞き流す脳は、自然音もまた聞き流す。彼らの脳に、自然は語りかけてはこない。おそらく、自然は、彼らに対峙しているはずである。そうであるならば、闘って支配するというスタンスのとり方しかありえないだろう。統制をとる、というかたちの調和しか思いつかないはずだ。

（中略）

日本人は、山に神を感じ、海に神を感じて生きてきた。「山を守る」「海を守る」なんていう傲慢な姿勢ではなく、「山のご機嫌を損ねないように」「海のご機嫌を損ねないように」生活していれば、山からも海からも裏切られないことを知っていたのだ。

結果、「自然保護」の暮らしだが、気持ちのスタンスは正反対だ。

自然保護などという傲慢な概念をもつ人々には、鯨を敬愛しつつ、泣きながら銛《もり》を打ち、だからこそ命を余すところなくいただく……という日本人の感覚は、理解しにくいはずである。

ないと思い込んでいる人たちに、あるということを理解させることは難しい。ないと思い込んでいる人たちが多数派ならば、あるという人たちは、不可解な不穏分子であり、性悪な嘘つきにされてしまう。

第3章の終わりで、櫻澤の「何よりも肝要な事は西洋人に『見えぬ世界』を見る『眼』を開いてやる事である」を引用しましたが、ここで黒川が述べているように「ないと思い込んでいる人たちに、あるということを理解させることは難しい」のです。そのため角田も、日本人優越論を主張する超愛国者でナチスの再来として、非難を浴びせられてしまったのです。同書よりの引用を続けます。

古代、大陸全体が豊かな緑におおわれていたアフリカが砂漠化し始めて、人類が北へと旅を始めた。砂漠や寒冷地のような過酷な環境と闘うようになると、大らかに口を開けていられないので、子音語化が始まる。

機械のようなデジタル音である子音語は、論理的で合理的な意識をヒトの脳に与える。やがて、怒濤《どとう》のような科学の発達と、侵略の論理が世界の潮流になった。このようにして、人類は、何か大きな渦に巻き込まれていったのではないだろうか。

環境は言語を作り、言語は人を作る。いったん言語を採択してしまうと、今度は、その言語の発音特性が人の意識を作り出す。意識はエスカレートしていき、やがて、止まらない潮流が人々を呑み込んでいくことになる。

子音語の採択こそが、ヨーロッパ世界のほんとうの失楽園に違いないと、私が考えるゆえんはここにある。しかし、そのとき、人類発祥の地といわれる、アフリカの緑豊かな地を後にした人たちに、他にどんな選択肢があったのだろう。

## 楽園の住人、日本人

さて、その頃、豊かな自然に恵まれた日本列島は砂漠化もせず、太平洋の西端にぽつんと暮らしていた日本人には、この国を後にするような事情がなかった。砂嵐も知らず、凍る大地も知らず、民族移動の通り道にもならない日本人には、残念ながら、子音語を採択するチャンスがなかったのだ。完全に、世界の潮流には乗り遅れたまま、今に至っている。

そう。なんと、私たちはいまだに、楽園の住人なのである。

なのに、今、この国は、能天気な失楽園を始めようとしている。

すなわち、「将来、英語がしゃべれるとカッコイイから、うちの赤ちゃんに日本語では話しかけないで」という母親たちの登場である。挙句に、「英語を小学校から義務化にする」という教育界の潮流である。

確かに当時、日本やポリネシアなどの地球上のごく一部の地域以外では、厳しい自然環境や言語の違う異民族と戦って勝つしか、生き延びる術はなかったのかもしれません。引用を続けます。

しかし、ここへきて、民主主義の悪しき習慣、「論理的に話し合い、合議すべき」というルールの下に、この国の美学も生きる力も、精彩を欠くようになってしまったのである。

（中略）

日本語は音声認識モデルが特殊なので、一二歳以下で外国語の使用を強制すると、脳は微妙に混乱する。「日本人としても半端、英語人としても半端な人間を作るなんて、存在意義そのものが危うくなる。信じられない」と私は思うが、「小学生から外国語を習わせて、グローバルでフェアな国際人間を作ろう」という論客と話してみると、中には「日本人が消えたほうが、地球環境と人類平和のためになるなら、消えてもいい」という極論さえ言う人がいる。ある意味、究極の美学のもち主たちだ。私には、この人たちを説得することばをもたない。というより、合議は危ないと感じている。

ここで黒川は、「論理的に話し合い、合議すべき」というルールを、民主主義の悪しき習慣と切り捨てています。この主張に対して「黒川は、民主主義を否定するのか」と反発する向きもありましょう。そこで、前章において角田忠信著『日本語人の脳』より引用した林秀彦の主張を思い出してください。それは「彼らはロゴス（言語）ですべて解決できると思っている。彼らにとって言語は武器です。日本人にとって言葉が武器だったことはない。この決定的な差異を認識しない限り、双方にとって大きな不幸をもたらすと思うんです」という主張です。黒川が「合議は危ない」というときの合議は、彼ら西洋人のいう合議、つまりまず言葉を武器にした争い即《すなわ》ち議論をし、後《あと》は多数決で決めるといったもの、を意味します。その合議は、「和を以て貴しとなす」とする十七条憲法や、「万機公論に決すべし」とする五箇条の御誓文でいうような、日本的な合議とはまったく異なっているのです。田中英道も『日本の宗教　本当は何がすごいのか』において次のように述べています。

日本人の議論下手を克服するには、かなり長い期間にわたって留学させることです。知的な青少年にそういう機会を与えなければ、日本の議論をリードするエリートをつくることはできません。ぜひ文部科学省にはそのあたりを考えてほしいと思います。

一方、英語教育を若いときからはじめるということには私は反対です。日本語の言語感覚を身に付けない前に、別の言語を学ぶというのは不自然です。どちらの言葉も中途半端になってしまいます。（中略）

日本の言語感覚を身に付けた上で留学をする。それが日本語と対照的な西洋語を理解するためには必要です。カルチャーショックがあって初めて他国の考え方を受け入れられるのです。日本人のままで議論しようとしても、相手の国の人たちと議論が成り立ちません。日本語で議論の思考方法を身に付けさせた上で、相手の言葉で議論する。それで、初めて嚙みあうわけです。（中略）

日本は元々論理性を拒否してきました。それが神秘でないと知っている民族といってもいいと思います。（中略）

だからといって日本人に論理がないわけではないのです。ただ一神教的な一神――人間――主張という図式をとらないだけのことです。自然――人間――主張という図式には決して独断はありません。ロゴスの堕落はないのです。自然――人間が主体ですから、それに自然科学の追究も含んでいます。日本の科学者の目覚ましい活躍はそのことを示しています。直観や経験、実践を重んじロゴスは重んじないのです。

もともと汎神論者である日本人は、「世界が理解可能である」などとは考えてこなかったのです。

# 7 歪められた昭和史

〝日本虚人列伝　シリーズ　第15回「半藤一利」〟として月刊『正論』平成29年12月号に掲載された、福地惇《あつし》高知大学名誉教授による論文「歴史を知らない人気作家が両陛下に歴史をかたる」が『別冊正論31』「日本型リベラルの化けの皮」に再掲載されました。この再掲された論文より引用します。

「虚構の歴史」創作は容易である。政治権力が学界や言論界や宗教界を利用して、自己正当化、敵対者貶めの歴史を創作させて公認すれば、簡単に教育機構や情報宣伝機関を通じて世間の常識にすることができる。

世界の歴史を深く観察すると、一極世界支配を目指す秘密権力ともいえる存在に、気が付く。その実態は掴み出し難いが、多国籍的存在で、欧米先進諸国に位置を占めて世界を動かしている。

二次にわたる世界大戦、第二次大戦終局で設立された、国際連盟（第一次世界大戦直後創設）の焼き直しであるＵＮ（United Nations＝国際連合と邦訳したが連合国）の陰にも、それを見ることができる。

（中略）十五世紀末葉に始まった西洋史がいう所謂「大航海時代」から今日に至るまで、西洋キリスト教強国は異教徒である有色民族諸国に軍隊や商人や宣教師を派遣し、固有の宗教と文化や生活圏を神の御名の元に平然と撹乱し、土地・資源・金銀財宝を強奪し、現地人の奴隷化や大虐殺をしてきた。植民地支配や奴隷貿易で巨万の富を獲得してきた。

許し難い所業だが、大侵略者に果敢に抵抗した勢力を「野蛮で残虐な反逆者」などの汚名を着せて平然と歴史化している。もちろん、これは「虚構の歴史」であり、殆どが自己を美化し正当化した「欺瞞の歴史」である。

わが国の戦後の歴史教育において、このような真の世界史が教えられることはまずありませんでした。それは日本の戦後の学界、報道機関、ジャーナリズムなどが東京裁判史観に染め上げられていたからです。同論文からの引用を続けます。

饒舌《じょうぜつ》な「昭和の語り部」半藤氏は、時の外相、松岡洋右をこう批判する。

「やはり理念の欠如なんですね。日本は常任理事国でありながら、国際連盟と言うものを作り上げて戦争によらない解決をはかっていくという根本に重きをおいていなかった。だから、あんなにあっさりと脱退してしまった」（文藝春秋スペシャル2015年季刊春号）

全く歴史の真実を捉えていないし、欧米文明中枢の正体が殆ど見えていない。（中略）現実には、日本軍はシナ大陸での軍事紛争を早く終息させるべく努力したのである。むしろ英米の援蔣ルートによるシナに対する膨大な軍事支援がなければ、事変の終結は早期にあったはずなのだが、英米ソ支が連携してそれを許さなかったのだ。

むしろ戦争を引き起こさせるための謀略組織に過ぎない国際連盟を、戦争によらない解決を図るための国際機関であると半藤氏が本気で信じているとすれば、彼はナイーブ極まりないと非難されても仕方がないでしょう。次に渡部昇一著『本当のことがわかる昭和史』より引用します。

作家の半藤一利氏が書いた『昭和史』（平凡社）は大変によく売れた本だ。（中略）

私の見るところ、半藤氏は終始、いわゆる「東京裁判史観」に立っておられる。つまり、東京裁判が日本人に示した（言葉を選ばずにいえば、日本人に「押し付けようとした」）歴史観の矩《のり》を一切踰《こ》えていない。

戦後、占領軍の命令で、東京裁判（極東国際軍事裁判、昭和二十一年〈一九四六〉～二十三年〈一九四八〉）のためにあらゆる史料が集められた。それがあまりに膨大なものであったため、それらの史料こそが「客観的かつ科学的な歴史」の源であり、それらなしには二度と昭和史の本を書くことができないような印象さえ世間に与えた。

だが、実はこの「客観的かつ科学的」というのが、大きな偽りなのである。

一般にはあまり知られてこなかったことではあるが、終戦直後に、七千点を超える書籍が「宣伝用刊行物」と指定されて禁書とされ、GHQの手で秘密裏に没収されている。その状況については、現在、西尾幹二氏が著作を発表されておられる。また、当時の日本人の多くが気づかないうちに、戦後のメディア報道はきわめて厳重に検閲され、コントロールされていた。そのことについては、江藤淳氏の労作をはじめ、さまざまな研究がなされている。

さらに、これは気をつけなくてはならない点だが、そのような状況下で「歴史観」がつくられていくと、実際に体験をした人の「記憶」も巧妙に書き換えられていくのである。なぜなら、全体を見渡せるような立場にいた人は少ないからだ。

つぎにその西尾幹二氏による「GHQ焚書図書開封シリーズ」の中から『GHQ焚書図書開

封6』より引用します。

ここに一冊、別の本を取り上げてみます。昭和十九年に出た『米國の世界侵略』(毎日新聞社刊)で、大東亞戰爭調査會が何冊もこれに類する本を出していまして、戦後はみんな焚書にされています。GHQは占領直後、狙っていたかのごとく真っ先に廃棄処分にしたシリーズ本の一冊です。

さて、この『米國の世界侵略』が平成30年に呉PASS出版から復刻出版されました。そこでこの本に収められた二番目の論文、白鳥敏夫による「彼のユダヤ性と日独伊」から引用してみます。

米国人の新帝国主義の張本人がルーズヴェルトであり、従って彼こそ今次戦争(引用者注:第二次世界大戦)の火つけ人であるという事実を、最も早く認識したのはドイツである。夙にユダヤ人の悪魔性を看破し、これを剔抉《てっけつ》していたドイツは、そのユダヤ人が『一方においてはソ連の共産政権を左右し、他方においては米英及びフランスの資本主義を把握して、ソ連の赤軍、英国の海軍、米国の金力と物質力とを以て一挙にユダヤ人の世界制覇を完成せんとして今次戦争を企らみ、その陰謀の主役として選ばれたのがルーズヴェルトである』とこう見ているのである。

フーバー著の『裏切られた自由』の翻訳者である渡辺惣樹が著した『誰が第二次世界大戦を起こしたのか――フーバー大統領「裏切られた自由」を読み解く』から引用します。

一九三八年はベルサイユ体制の足枷《あしかせ》の中で、着実に国力と軍事力をつけたナチスドイツが、いよいよベルサイユ体制の不正義解消に向けて始動した年でもある。この時期のフーバーのヨーロッパ訪問の意味を読み解くにあたって、大事な点を指摘しておきたい。それは、当時のヨーロッパの台風の目になっていたアドルフ・ヒトラーという政治家を見る現代人の目には、戦後に定着した歴史観に由来する曇りがあるという事実である。フーバーの一九三八年の分析を正確に理解するためには、これをいったん拭っておかなくてはならない。

一九三八年においては、ヒトラーのユダヤ人迫害は特に目立っていなかった。ユダヤ人を嫌う政策を進めていたことは間違いないが、ホロコーストは始まっていない。ユダヤ人迫害は一九三八年十一月九日の「水晶の夜事件」がよく知られている。この事件から次第に迫害は悪化していったが、ホロコーストとして現代人が知っている虐殺があるとの情報がアメリカに伝わったのは、開戦後の一九四一年から四二年頃のことである。そのときでさえも戦争に付きものの、一般的な虐殺事件として理解されていた。

一九三九年九月にポーランドへのドイツ侵攻を受けて英仏がドイツに宣戦布告した。これについては後述するが、ナチスドイツのユダヤ人迫害と英仏両国の対独参戦との直接の関連はない。一九三八年のヒトラーやナチスドイツは、現代人のイメージする姿とは違う。現代人は後に起きた事件を知っている。そのことが歴史解釈のプリズムを曇らせている。可能な限り同時代人の目で当時の事件を解釈するためには、プリズムの曇りの存在に気づき、それを意識的に拭わなくてはならない。

渡辺が記すように、ヒトラーやナチスドイツは、国際金融ユダヤによってもたらされたベルサイユ体制の著しい不正義を正すために行動を起こさざるを得なかったのです。そしてそのことを白鳥は正確に認識していたのです。白鳥の論文からの引用に戻ります。

差し迫る欧州の危機を前にして、ルーズヴェルト及び彼を取巻くユダヤ人のブレーン・トラストは、急速に局面を処理するの必要を感じ、米国内においても軍備並びに輿論の指導など万般の見透しがついて来たので、いよいよヒットラー総統を圧迫して戦争を仕掛けさせる段取として、そこでまずソ連をして一種の謀略として独ソ不可侵条約を作らしめ、一見ドイツの地位が極めて強化したかに思わしめ、ヒットラー総統が安んじて強硬政策に出で、英仏との戦争を敢てなし得るように仕向けたものと見なければならない。（中略）

ヒットラー総統はずっと前から側近に対して『来るべき戦争はこれこれの方法で戦う』ということを具体的に説明し、この新戦術によればフランスは四十日にして必ず打倒し得るということをいっていたというが、果してその通りになった。フランスが倒れ、英国の運命までが風前の灯と見えた時、米英は勿論大いに慌てたのであるが、西方は英仏海峡の障碍に依頼して、ともかくも英国の命脈を続け、その立直りを助けると共に、米国自身大《おお》童《わらわ》の軍備をはじめたのであるが、それにしても、彼等がその間を繋ぐためには是非とも赤軍によらなければならなかった。独ソ戦争はそういう事情の下に当然来るべきものが来たのであって、何れの側にも聊かの手違いもなく、準備の欠けていたという点もないのである。（中略）

欧州の情勢と第二次欧州戦争とに関しての大体の観察として、これだけの前提を置かないならば、三国同盟の経緯は十分に理解出来ないだろう。これを日本の立場からいうならば、欧州戦が全くユダヤ・米英の計画である如く、アジヤにおいても彼等が、多年に亘って日本を目がけて陰謀を逞うし、東亜の禍気を助成して来たことは、今日となっては一点の疑いもない程明らかなことである。

この白鳥のような正しい歴史認識は、戦後は〝根も葉もない「陰謀論」〟として一掃されてしまいました。彼が東京裁判でA級戦犯に問われ、終身禁固刑の判決を受けたのも、またこの書が焚書に処されたのも、すべてユダヤ・米英が彼の口封じを図ったためだったのです。次に髙山正之著『アジアの解放、本当は日本軍のお陰だった！』から引用します。

日本が戦う戦争は彼らの常識にない純粋さがあった。さらに衝撃だったのが日本の経営する「植民地」の姿だった。

とくに満洲だ。リットン調査団は英国の元インド総督ビクター・リットン、フランスからはアルジェリア統治に関わったアンリ・クローデル植民地軍総監、ドイツからは独領東アフリカ総督ハインリッヒ・シュネーら「搾取する植民地」のベテランが満洲を見た。そして驚いた。国際連盟規約二十条に「遅れた地域の民の福利厚生を図るのは（先進国の）神聖な使命だ」とある。しかし現実は後進地域の民の愚民化を進め、米英は支那、マレーシアに、フランスはベトナムに阿片を売り付け、ひたすら搾取してきた。

しかし満洲では肥沃な大地の実りと地下資源を背景に学校が作られ、ユダヤ人スラブ人も含めた多くの民族が日本の指導のもとで自由と豊かさを満喫していた。

植民地搾取のベテランたちは満洲自体が彼ら白人の植民地帝国主義への告発に見えたのだろう。国際連盟への報告書は日本を放り出し、満洲は白人経営でいただきましょうという趣旨で貫かれている。

奴隷をもち、残忍な戦争をし、掠奪と強姦を喜びにしてきた国々にとって掠奪も強姦もしない、奴隷も植民地ももたない日本は煙たいどころか、存在してもらっては困る国に見えた。その伏流《ふくりゅう》を見落とすと、近代史は見えてこない。

またジェラルド・ホーンはその著『人種戦争――レイス・ウォー』において、次の引用のごとく、日本が開戦に踏み切ったのは人種差別が大きな原因であったことを認めています。

第一次世界大戦が勃発して、世界規模の人種紛争の勃発が差し迫った、という日本人の読みは正しかった。ある日本人の著名なオピニオン・リーダーは、日本が「世界規模の人種戦争」に巻き込まれるのが明らかだと確信して、「白人と有色人種の対立は激しくなり、全ての白人種が束《たば》になって、有色人種と戦う時がくるだろう」と予見した。この発想は太

平洋の両岸にこだました。（中略）
日本がパリ講和会議で人種差別を撤廃することを国際連盟規約に盛り込むことを提案した時に、アメリカだけでなく、大英帝国、特にオーストラリアが強く反発して、反対した。日本では、「多くの団体が、パリ会議を人種差別の撤廃のために活用するべきだと訴えて、人種平等の運動を展開した。それは日本が中国と大義を共有できるという利点を有していた」からだった。日本では人種差別反対運動は全国民の願いであり、上からの世論操作によるものではなかった。

ウィルソンは議長として、パリ会議としても知られるベルサイユ会議で、この日本提案を葬ったが、ウィルソンの側近は、「人種平等の原則など構わなかったことは明らかだ。ウィルソンは自分の国で人種平等原則に強硬な反対があることを熟知していた。我々の肩の荷を降ろすことを、イギリスに負わせるには策略を要したが、首尾よくいった」と語っている。

日本政府と国民は人種平等の理想が拒絶されると、侮辱だとして激昂した。昭和天皇は後にこう語っている。「大東亜戦争の原因は、第一次大戦後の講和会議にあった。日本によって提起された人種平等提案は、連合国によって拒まれた」。

ウィキペディアによると、日本は1919年2月13日パリ会議の国際連盟委員会において、連盟規約二十一条の「宗教に関する規定」に「各国均等の主義は国際連盟の基本的綱領なるに依り締約国は成るべく速に連盟員たる国家に於る一切の外国人に対し、均等公正の待遇を与え、人種或いは国籍如何に依り法律上或いは事実上何等差別を設けざることを約す」という条文を最後に追加するように提案しました。しかしこの提案には反対する国が多く、結局二十一条自体が削除されてしまいました。そこで日本は4月11日に国際連盟委員会最終会合において、連盟規約前文に「国家平等の原則と国民の公正な処遇を約す」との文言を盛り込むという修正案を提案しました。擦《す》った揉《も》んだのあげく、この修正案は採決に付されることになり、議長ウィルソンを除く出席者16名が投票を行い、11名の委員が賛成、5名の委員が反対という結果になりました。しかしウィルソンは「全会一致でないため提案は不成立である」と宣言したのです。

多数決の原則を無視した、ウィルソンによるこの人種平等提案の一方的な棄却こそ、まさに西洋人のいう「合議」の欺瞞性を如実に物語っています。ホーンが書いているように、ベルサイユ会議では、人種差別を固定化して白色人種による有色人種の支配をさらに推進するための陰謀が、確かに図られていたのです。白鳥論文からの引用に戻ります。

しかし、今回の戦争（引用者注：第二次大戦）は、この前の戦争（引用者注：第一次大戦）とは根本的な相違があることを忘れてはならない。前大戦は何といっても英国が戦争の主役であり、目的は独・墺勢力の打倒にあって、米国はいわばおつき合いであった。しかるに今度はヴェルサイユ体制と、またそれのアジヤ版ともいうべきワシントン体制とによって、米英即ちユダヤ・アングロ・サクソンの世界制覇が七、八分通り出来上り、連盟（引用者注：国際連盟）の主なる役員を悉くその手に収め、これを以て一極の超国家的機関とし、ソ連の赤化勢力を他の一翼とする、いわゆる両建政策を以て、世界に君臨せんとしていたユダヤの野望にとって、これを完全に成就するがために、残されたることはただアジヤの日本、欧州の独伊という二つの邪魔物を除くということであった。（中略）当時はまだドイツは十分に国力を恢復しておらず、ナチの台頭も見られなかった。従って連盟も全力を日本抑圧に向けて来た。満州事変以後の十年間は、日本とこれら勢力との拮抗史とも見ることが出来るのであって、支那事変に至ってはいよいよその情勢は明瞭になった。実は支那事変そのものも、日本の力を弱めるために彼等が浙江財閥と共に蒋介石を籠絡し、排日抗日に出でしめて、無理に挑発した戦争に他ならぬことは今日誰もが知る通りである。

この日本の連盟及び米英に対してとった毅然たる態度が、独伊を刺戟し、激励したことは勿論であって、従ってこの三国が一緒になってユダヤ・米英の不当なる圧迫に抵抗するに至ったことは、極めて自然であり不可避的なことであった。（中略）

狡獪なるルーズヴェルトは、日本に戦争を売ることによって、いわば裏門に参戦の途を求めたのである。多年に亘り日本を侵略国と誣《し》い、単純なる国民大衆の反日感情を煽って置き、最後には陸海軍当局をして数々月にして日本を屈服せしめ得るかの如き日本の実力過小評価の言辞を弄せしめ、国民を駆って極めて安易なる気持を以て戦争に参加せしめることに成功したのであった。

この白鳥の極めて的確な世界情勢の分析にはまったく驚かされます。白鳥論文からの引用は次で終わりにします。

敵米英の戦争目的は何であるか。それはユダヤの理念たる金権制覇以外の何ものでもない。他民族を詛《のろ》い、ユダヤ民族のみをいわゆる神選民族として神が特別の恩寵を垂れ、その非ユダヤ民族制圧の野望に対して加護を与えるというユダヤの極めて利己、下賤なる理想こそは、今日、米英戦争業者の戦争目的と完全に一致しているところである。(中略)

ユダヤの血統を継ぐルーズヴェルトとしては、もとより非ユダヤ民族のためなどに一片の感傷をも持ち合さないのである。非ユダヤ民族の共倒れこそ彼一味の願うところであるから、各民族間に喰うか喰われるかの乱闘を演ぜしむることは、彼等本来の目的及び希望とも一致するのである。

国際金融支配勢力の〝奥の院〟にとってみれば、アメリカ大統領とても単なる代理人《エージェント》の一人に過ぎないわけですから、役目を終えて不要になったら地位を追われるか、ルーズベルトがそうだとは言いませんが場合によっては消されることもあるのです。またこのユダヤの極めて利己的な「選民思想」という差別思想に基づけば、東京をはじめとする日本の諸都市を次々と爆弾、機銃掃射、焼夷弾を用いて空襲し、そして広島、長崎に原爆を投下することによって、それぞれ一回で数百人から10万人にも及ぶ非戦闘員の虐殺を続けることに、彼らは些《いささ》かの罪の意識を感じることもなかったのです。

## 8 道徳と経済は両立するのか？

中学・高校そして大学時代から現在まで親しくしていただいている先輩とある会で同席した折に、拙著『「リベラル」の正体』を手渡したところ、彼の中学・高校時代の同窓生であった親友の経済学者が著した『自由の思想史』を是非読みなさいと勧めてくれました。その本の著者である猪木武徳氏は勿論私の先輩でもあり、何度かお会いしてお話ししたこともあったので、早速購入して読みました。特に印象に残ったところを引用します。

イエスの「金持ちが神の国に入るよりも、らくだが針の穴を通る方がまだ易しい」（マタイ：19－24）という言葉は知る人も多い。「お金」と「神様」の両方に仕えることはできないという意味は、実感は別にして、高校生にも理解可能だ。しかし福音書にはピンとこない言葉も少なくなかった。（中略）イエスの「皇帝のものは皇帝に、神のものは神に返しなさい」（マタイ：22－21）という言葉もそのひとつだ。

話は次のように展開する。律法による「義」を主張するファリサイ人（引用者注：パリサイ人）がイエスを言葉の罠にかけようとして、自分たちの弟子と、パレスティナとその隣接地域を治めていたヘロデ朝の人たちをイエスのもとに遣わして、「皇帝に税金を納めるのは、律法に適っているでしょうか、適っていないでしょうか」と問いかける。するとイエスは彼らの悪意を知って言う、「偽善者たち、なぜ、わたしを試そうとするのか。税金に納めるお金を見せなさい」。彼らがデナリオン銀貨を持って来ると、イエスは、「これは、だれの肖像と銘か」と尋ねる。彼らが「皇帝のものです」と言うと、イエスは「では、皇帝のものは皇帝に、神のものは神に返しなさい」と答える。彼らはこれを聞いて驚き、イエスをその場に残して立ち去った（マタイ：22－15～22）。

（中略）イエスは、当時のユダヤ社会をがんじがらめに縛りつけていた古い律法だけでは「善き社会」は生まれないとして、新しい二つのおきて、すなわち「心を尽くし、精神を尽くし、思いを尽くして、あなたの神である主を愛しなさい」と「隣人を自分のように愛しなさい」（マタイ：22－37・39）を導入した革命家である。したがって（中略）イエスはこの世のいかなる法よりもこの二つの新しいおきてが優先すると考えていたはずだからだ。

少し解説を加えますと、イエスが布教活動を行ったガリラヤ地方は、当時ヘロデ・アンティパスを王とするユダヤ王国の一部でした。さらにそのユダヤ王国は独立国ではなくローマ帝国に属するユダヤ属州の一部に過ぎず、そしてそのユダヤ属州はポンティオ・ピラト総督の監督下にあったのです。ユダヤ王国のユダヤ人達は、ユダヤ神殿に献金をしたからといって、当然のことながらローマ帝国への納税を免除されるわけではありませんでした。ユダヤ人たちの中には、ピンはねなどによる収入を見込んですすんで徴税人になるものも少なくなかったのですが、同じユダヤ人でも律法主義者（パリサイ人）達はローマ帝国への税金など一銭たりとも納めたくなかったのです。そこでイエスに「ユダヤ律法からして皇帝に税金を納める義務はあるのか」と問いかけて、「皇帝をとるか（ユダヤの）神をとるか」の二者択一を迫ったわけです。つまり皇帝をとればユダヤの神をないがしろにした宗教的罪人として糾弾し、神をとって納税義務なしとすれば帝国の法を犯す罪人としてローマ帝国に引き渡すという罠だったのです。ところがイエスに「皇帝への義務は皇帝に、神への義務は神にそれぞれ果たしなさい」と答えられて、二の句が継げなかったのです。またイエスが磔刑に処された後も、律法主義のユダヤ人達はローマ帝国に納税するのをあくまでも嫌がり、西暦66年や132年など数回にわたりローマ帝国に対して独立戦争を仕掛けますが、すべて敗れ、ついにユダヤ人はパレスチナの地から放逐されることになってしまいます。国が整備したインフラを利用しておきながら、国への納税を嫌がり、一方で民には巨額の献金を強いる強欲なパリサイ人の姿は、タックス・ヘイブンなどを利用して本国への納税を極力回避しようとする現代のグローバル企業を、まさに彷彿させます。
イエスは、「ユダヤ民族だけが神選民族だ」とするようなユダヤ律法を遵守する必要は全くなく、「愛」だけが大切なのであると説いたのです。イエスの敬愛する父なる神、主なる神とはまさに〝愛そのもの〟を意味しており、イエスの教えとは「神＝愛」の汎神論の教えであったのだと思います。

右の引用に見られるように、この著者はマタイの福音書を特に大切にされています。私もまったく同感です。というのはマタイの福音書が伝えるイエスの「愛」の教えこそ、我が国において縄文時代から伝承される「神＝自然」の神観とぴったり一致するからです。しかしこの書『自由の思想史』の大部分は主に西洋の自由の思想史について語っており、しかも西洋の理神論（有神論や無神論）を前提とした考察のように感じられ、記憶に残るところは他にはあまりありませんでした。

ところが平成30年7月27日の『産経新聞』朝刊の「正論」欄に載った猪木氏の文章「歴史と文学に憧れの人はいるか」を見て、猪木先輩の思想に再び関心を持ちました。同コラムより一部を引用します。

## 日本の偉人をもっと知るべきだ

筆者は内村の描いた二宮尊徳の思想と行動にいたくひかれ、小田原の報徳二宮神社や尊徳記念館・報徳博物館を訪れたことがあった。

報徳二宮神社で「経済なき道徳は戯言であり、道徳なき経済は犯罪である」と書かれた額を見たときは、いまだ世界はこの箴言《しんげん》を体得していないと思わざるを得なかった（ちなみに「経済」「道徳」「犯罪」という言葉が、江戸末の日常語ではないように思ったので、その出典は調べてみたが明らかにすることはできなかった）。

私も内村鑑三著『代表的日本人』を読んで二宮尊徳の思想と行動には尊崇の念を抱いていましたので、猪木氏もそうだったと知りとても嬉しく思いました。そこで、その箴言の出典を調べてみようと思いまずネットで検索してみると、どうやら『二宮翁夜話』にその出典があるようだとわかりました。しかもネット情報ではその書の二一三の項と二一七の項がその出典ではないかということです。早速手持ちの『二宮翁夜話』（中公クラシックス）を調べてみると、次のようにありました。

## 二一三　分　度

（前略）古語（『論語』堯日篇）に「権量を謹み法度《ほうど》を審《つまび》らかにする」（はかり・ますを正しくし、法度を定める）とあるが、これは大切なことだ。これを天下のこととばかり思うから用に立たないのだ。天下のことはさしおいて、銘々が自分の家の権量を謹み、法度を定めることが肝要だ。これが道徳経済のもとである。（後略）

## 二一七　聖人大欲の事

（前略）聖人の道を究明すると、それは国家を治め、社会の幸福を増進することだ。『大学』や『中庸』にそのことが明らかにみえている。その願うところは正大ではないか。よく考えてみよ。

これを見て、ここで使われている「道徳経済」という言葉が直接二宮翁の口から発せられたものと早とちりしてしまいました。そこで二一三項の「天下のことはさしおいて、銘々が自分の家の権量を謹み、法度を定めることが肝要だ。これが道徳経済のもとである」という言葉は、庶民は天下のことなど考えずにまずは家計を整えなさい、という意味であり、二一七項の「聖人の道を究明すると、それは国家を治め、社会の幸福を増進することだ」という言葉で、聖人の道は経国済民（国家を経綸《けいりん》し庶民を救済すること）の実践である、と説かれたのだと理解できました。しかし翁が「道徳経済」という言葉を使われたのだと勘違いしてしまいました。そして「経済なき道徳は戯言であり、道徳なき経済は犯罪である」という標語は、翁の直接の言葉ではないものの、後世の誰かが翁の真意をうまく簡潔に表現したものだと感心して、猪木先輩にもその旨を手紙で伝えました。すると猪木先輩から、『二宮先生語録』はよく調べてみたけれども『二宮翁夜話』は調べていなかった、という旨のメールが届きました。この話はこれで終わったものだと思っていたところ、平成31年1月25日の『産経新聞』朝刊に載ったコラム「阿比留瑠比の極言御免　枝野氏はロベスピエールか」を読んで大変驚きました。そこに次のような一節があったのです。


ロベスピエールが目指したのは、階級の存在しない自由で平等な社会の実現だったが、そのために取った手法は恐怖政治だった。こんな言葉を残している。

「徳なき恐怖は忌まわしく、恐怖なき徳は無力である」

やはりフランス革命の指導者で、ロベスピエールと行動をともにしたこともあるダントンは、告発されて罪に落とされた。断頭台（ギロチン）へと向かう途中、ロベスピエールの家の前でこう叫んだとされる。

「ロベスピエール、次はお前の番だ！」

何ということでしょう、残虐極まりないフランス革命で用いられたスローガンと、二宮翁の教えを示す標語とが全く瓜ふたつなのです。ロベスピエールのスローガンの〝恐怖（テルール、テロ）〟を〝経済〟に置き換えると「徳なき経済は忌まわしく、経済なき徳は無力である」となって報徳二宮神社の額の標語と殆ど同じになってしまいます。自由と平等を掲げたフランス革命の孕《はら》む矛盾と残虐性がこのロベスピエールのスローガンにはよく表れています。フランス革命は、自由主義社会になれば平等な社会が達成できるかのような幻想を振り撒《ま》くことによって仕掛けられました。そして恐怖支配によって徳政を施せるかのような誤ったスローガンを掲げたのです。このスローガンの結果はダントンやロベスピエール自身が断頭台へ送られるという皮肉なものでした。次にウィリアム・G・カー著『闇の世界史』より引用します。

イルミナティの特別代理人は、革命活動と同時進行するよう計画された恐怖支配の指導者として利用すべき人物群を組織した。そこに含まれていたのがロベスピエール、ダントン、マラーである。囚人、精神異常者を解放することで、計算済みの恐怖支配を現出するのに必要な風潮をつくりあげることになるこの集団は、真の目的を隠すために、ジャコバン修道院内で会合を開いた。神聖な壁に包まれて流血の計画が練りあげられ、反動主義者に粛清のしるしを付けたリストが作成された。そして野放しとなった犯罪者、精神異常者が大量殺戮や公開レイプを行なって住民を怯えさせているあいだに、地下組織のメンバーはコミューンの獲得者マニュエルの指揮のもと、主だった政治家、高位の聖職者、国王に忠誠を誓っているとされる将校を逮捕するよう説明された。

（中略）

ダントンとロベスピエールは二人とも悪魔の化身で、イルミナティによって計画された「恐怖支配」を推し進め、イルミナティに敵への復讐を遂げさせ、彼らの行く手を遮ると思われる人々を取り除いた。それでも彼らの目的のための役割を果たすと、この二人の死刑執行人も逮捕され、多くの汚名を着せられ、挙げ句の果てに死刑に処された。

調べてみると、『二宮翁夜話』は翁の弟子の一人である福住正兄《まさえ》が、自分自身を著者として翁の没後30年程経った明治20年に出版したものだということでした。そのためエコノミーの訳語としての「経済」や「社会の幸福」、「予算」などといった翁の存命中にはなかった用語や言い回しが使われているのです。翁が「聖人の道は経国済民である」とはっきり述べているのに対して、標語における〝経済〟に経国済民の意味はありません。単なる経済活動や節約などの意味しか持っていないのです。従ってこの標語にはフランス革命で仕掛けられた矛盾という罠が仕込まれています。私は、この標語が翁の真意を捻じ曲げるどころかほとんど否定するものであることにようやく気づき、標語で使われている用語に、即座に違和感を覚えられた猪木先輩の勘《かん》の鋭さにあらためて感服いたしました。

同じ用語でも、汎神論の日本と理神論の近代西洋とでは、異なる意味やイメージを持つことがあるので、注意が必要です。例えば、ここで示したように「経済」という語がもともと経国済民あるいは経世済民の短縮形であることを知っていた昔の日本人は、経済という語で「国を経《おさ》め、民を済《すく》うこと」をイメージしたかもしれませんが、"economy"という英語の単語に経国済民の意は全くありません。もっとも、「経済」が"economy"の訳語として定着してしまった現在では、「経済」という語によって経国済民を思い起こす人はほとんどいないでしょうが……。また、第6章で述べたように、日本古来の「合議」は西洋人の考える「合議」とは全く違うものでした。西洋の「合議」とは、言葉を武器として論戦や討議をし、その戦いに勝った方の意見を採用するということです。そして討議で決着がつかないとき、その勝敗は、大抵の場合は票決つまり多数決で決めるのであり、時には裁定者による裁定によって決められます。ところがわが国の「十七条憲法」には、よく話し合って和《なご》やかに解決するようにと記されています。つまり日本では、「合議」とは討議や論争ではなく和議を意味していたのです。例えば、福沢諭吉は『瘠我慢の説』に次のように記しています。

然《しか》るに彼《か》の講和論者《こうわろんじゃ》たる勝安房《かつあわ》氏の輩《はい》は、幕府の武士用うべからずといい、薩長兵《さっちょうへい》の鋒敵《ほこさき》（引用者注：敵《てき》か）すべからずといい、社会の安寧《あんねい》害すべからずといい、主公の身の上危《あやう》しといい、或は言を大にして墻《かき》に鬩《せめ》ぐ（引用者注：内輪のあらそい）の禍は外交の策にあらずなど、百方周旋《しゅうせん》するのみならず、時としては身を危《あやう》うすることあるもこれを憚《はばか》らずして和議《わぎ》を説《と》き、ついに江戸解城と為《な》り、徳川七十万石の新封《しんぽう》と為りて無事《ぶじ》に局を結びたり。

このように、福沢は勝安房（海舟）の行動を批判的に論じていますが、実は勝海舟と西郷隆盛とによる和議のお陰で、江戸は危《あや》うく戦禍を免《まぬか》れ、また日本分断も避けられたのです。以前、拙著『西洋近代思想の呪縛を解く』で一度引用しましたが、日下公人／馬渕睦夫『ようやく「日本の世紀」がやってきた』より再度引用します。

**馬渕**　その勝海舟も面白いことを言っている。『氷川清話《ひかわせいわ》』『海舟座談』などを読みましたが、彼は何度も「外国から借金はしてはいけない」と言っている。だから勝海舟こそ、日本の救世主だったと私は思う。

あのとき、ご承知のように、フランスが幕府に金を貸そうと言った。それを断った。もしフランスから金を借りていたら、日本の国内で内戦が起こって、英仏の代理戦争をやらされていた。そこでジャック・アタリが「借金をさせれば、その国を牛耳ることができる」と言っていることに結びつく。だから、私は明治維新の英雄は勝海舟だと思いますよ。

戦争をするのに膨大な金が必要になる。資金が足りなくなるから、誰かが金を貸す。第一次世界大戦も、第二次世界大戦も、要するに金儲けのための戦争なんです。こういうことを、我々は一切教えられない。

イギリスが薩長の後ろ盾であったことはよく知られていますが、幕府には実はフランスが金を貸してやろうと持ちかけていたのです。そしてそのイギリス政府とフランス政府の後ろにいたのは、全く同じ金融勢力だったわけです。彼らの何時《いつ》ものやり口は「両建《りょうだ》て主義」、つまり両者に武器や金を貸し与えて争わせ、両者が疲弊したところで漁夫の利にありつくとともに、当然のごとく両者から貸した金を高額の利子とともに取り立てるといったものです。日露戦争も彼らの金儲けに大いに役立ったうえ、ロシア帝国の弱体化にも寄与したのでした。彼らは日本には戦勝の見返りをほとんど渡さず、さらにはアメリカの鉄道王ハリマンは南満州鉄道の共同経営権まで得ようとしたのでした。

マルクス経済学が破綻した現在、経済といえば自由主義経済つまり市場経済を指すことになります。では市場原理に任せれば、アダム・スミスが言うように「見えざる手」の働きによって本当に国は豊かになるのでしょうか？　残念ながら答えはノーです。それは世界各国を見ればわかります。市場経済による莫大な恩恵に与《あずか》ってきたのは、ほんの一握りの国際金融資本家たちだけでした。国は豊かにならず、国民の貧富の差も拡大する一方です。富国と道徳を共に実現させる為には、市場原理に任せるのではなく、「富国有徳」を目指す「経国済民」の国家運営が是非とも必要となるのです。

# 9 おわりに

西洋近代思想は、ユダヤ主義という理神論のイデオロギーに完全に牛耳られています。政治で言えば、自由主義や民主主義も、共産主義や社会主義もみんな理神論のイデオロギーであり、経済学で言えば、マルクス経済学も非マルクス主義の近代経済学もともにユダヤ主義のイデオロギーに過ぎないのです。純粋学問と見なされる学問、例えば数学における「実無限」の立場、つまり無限集合の存在を主張する立場もこのイデオロギーの思想であり、また物理学における相対性理論や熱力学の第二法則、さらには生物学におけるダーウィニズムもこのイデオロギーに基づいています。そしてこれらはすべて、人々に汎神論を捨てさせ、理神論（無神論）に改宗させるためのプロパガンダなのです。

現代の理神論者たちは、ほとんど全てのマスコミを金《かね》で支配することによって、プロパガンダを垂れ流させて庶民を洗脳し、ユダヤ主義を批判するような言論に対しては、アンチセミティズム（反ユダヤ主義）やヘイトスピーチのレッテルを貼って差別主義として糾弾し、さらにはポリティカル・コレクトネス（ＰＣ）を振りかざして彼らにとって不都合な言論を封殺してしまうのです。またユダヤ主義者が捏造した偽の歴史を正そうとする者は、歴史修正主義者のレッテルを貼られて言論界や学界から締め出され、極端な場合にはヘイトクライムを犯す犯罪者として処罰されてしまいます。

西洋においても、ブルーノ、ガリレイ、ケプラー、パスカルそしてニュートンといった自然哲学の名だたる先達たちは皆、「この世界は神が統治し給う」という汎神論の世界観を持っていました。ところが18世紀後半ごろからラプラス、ディドロ、ダランベールといったフリーメーソン（従って理神論）の科学者たちが、この世界は唯物論的に理解可能だとする理神論の自然科学を広めだしたのです。数学界では、ガウスやクロネッカーといった大数学者が「可能無限」の立場を守っていたのに、19世紀末にユダヤ人のカントールが「実無限」の立場を唱えだし、それがユダヤ主義を支えてくれることがわかった為に、現在では、矛盾を抱えた誤った理論に過ぎないこの「集合論」が現代数学の土台に据《す》えられています。さらに相対性理論によってニュートン力学が近似理論に貶《おとし》められ、また一般相対性理論を保つために、一部の科学者は重力波の捏造にまで手を貸しているのです。

しかし一方で、量子力学が提起した汎神論的な実在観の妥当性が実験的にも確かめられ、また宇宙マイクロ波背景放射（ＣＭＢ）の観測により絶対空間の存在も明らかになり、さらにはこの宇宙の95％が「目に見えない」存在であることを物理学界も認めるようになっています。

ということは、理神論によって利己主義を正当化する偏狭なユダヤ主義は、すでに破綻してしまっているのです。

この世界が汎神論の世界であることを縄文人は知っていました。そのことを縄文人は神道という自然信仰の伝統によって、また日本語という自然と対話する言葉を通じて現代日本人に伝えてくれたのです。汎神論からすると、死後にも我々の魂が存続することは明らかです。死後に後悔しないためには、「おかげさまで」「おたがいさま」「ありがとう」「いただきます」「おだいじに」と感謝し、労《いたわ》りあって生きることが大切なのです。パスカルも言うように、そういうふうに生きる人生こそが本当に幸せな人生なのです。欧米やアジアそして世界のすべての地域の住人にも、理神論に染まらない善良な人々が大勢《おおぜい》いることでしょう。彼らと連携して、平和で豊かな世界を実現してゆきましょう。

# 補　記

平成31年4月11日の『産経新聞』朝刊の一面に「ブラックホール捉えた　世界初　国立天文台チーム撮影」という見出しの記事がカラー画像つきで掲載されました。他紙でもこの日の朝刊一面にはブラックホールの画像と称する写真つきで、このニュースが報じられたようです。しかしこの画像に対する疑問については、一切触れられてはいませんでした。

ロシア人物理学者たちによる相対性理論を批判する数本の論文が、日本語に翻訳されて、インターネットサイト「物理の旅の道すがら」に掲載されています。そこから少し引用します。

物理学は原理的に測定可能な自然的対象およびその測定可能な相互作用のみを検討対象とするということである。人間の知的活動の観念的産物である数学方程式の性質は，原理的に測定不可能であり，自然的対象ではないのであって，したがって自然界に属するものと恣意的にみなすことはできない。（『相対性理論の神話　増補第2版』A・A・デニソフ、2009）

特殊および一般相対性理論の命題と結論を裏付ける，一義的解釈が可能な肯定的結果が得られた実験は存在しない。（『相対性理論の基礎に関する批判的分析』V・A・アツュコフスキー、２０１２）

相対性理論に対する批判者たちの中には，12人のノーベル賞受賞者を含め，多数の著名な哲学者，数学者，物理学者，すなわち，（教科書を書いたり書き写したりしただけでなく）科学の発展に開拓者として貢献した人々が含まれている。この理論に対する錚々たる反対者の数は，この理論の錚々たる支持者の数に匹敵する。（中略）論理的矛盾の存在はあらゆる理論のあらゆる結果を「無」に帰せしめるのであって，特殊相対性理論はその例外とはなり得ない（ところが，他のあらゆる理論に対する態度と比べ，特殊相対性理論に対するあまりにも寛大な態度が見られるというのが現状である）。（中略）相対論者たちは，特殊相対性理論は重力が存在しない場合における一般相対性理論の極限的場合であると言明している。したがって，一般相対性理論の運動学の正当性に対してもただちに疑いが生じる。（中略）

「ブラックホール」などといった一般相対性理論から生まれた物体は存在することができず，したがって科学の領域から非科学的空想の領域に移されなければならない。（中略）

「我々は，我々がそこに見出したいものを実験のうちに見る」という有名な哲学的言明は，特殊相対性理論にぴったり当てはまる。（中略）

物理学の専門教育を受けた人々を対象として「あなたは相対性理論の解釈を正しいと思いますか，それとも誤りだと思いますか？」というアンケート調査を実施したら，面白いことになるのではなかろうか。もしアンケートが匿名で行なわれれば（中略），その結果がどうなるかを筆者は予想することができる（『物理学の根拠（批判的な眼差し）：相対性理論の基礎に対する批判　増補版』S・N・アルテハ、2018）

ソ連時代と違って、現在のロシアの物理学界では、相対性理論に対する批判論文を発表することも、完全解禁ではないもののある程度は可能にはなっているのです。おそらく現在では、日本の物理学界においての方が、相対性理論批判の論文を排除しようとする力が強いのではないかと思われます。そして相対性理論の正しさを一見裏付けるようなデータは、無批判に称賛されるわけです。しかし今回発表されたブラックホールの画像とされる一枚のカラー写真は、科学的に公正なデータ処理によって得られたものではないようです。というのは、「**世界初　ブラックホールの輪郭撮影に成功 ― NHKニュース**」（2019年4月11日「NHKニュースWEB」）が次のように伝えているのです。

## 日本人研究者も重要な役割果たす

電波望遠鏡によるブラックホールの撮影を果たした国際研究プロジェクト、「ＥＨＴ」＝「イベント・ホライズン・テレスコープ」には世界の11以上の国と地域から２００人を超える天文学者が参加しています。

日本人研究者もおよそ20人が参加し、重要な役割を担いました。

このうち、日本チームの代表を務める国立天文台の本間希樹教授は、離れた場所にある複数の電波望遠鏡をつないで天体を観測する専門家で、日本における第一人者です。

２０１２年にＥＨＴが正式な国際プロジェクトとして発足すると、中心メンバーの１人として研究グループをけん引してきました。

本間さんたちが取り組んだのは、観測したデータからより正確なブラックホールの画像を導き出す方法の開発です。

ＥＨＴではアメリカのハワイとアリゾナ州、チリ、メキシコ、スペインそれに南極の世界6か所の電波望遠鏡で一斉にブラックホールを観測し、画像化しますが、大部分の望遠鏡がないエリアはデータが得られないため、画像がぼやけたり、実際とは異なる画像になったりしま《ママ》うことが課題でした。

そこで本間教授は医療などの分野で実用化が進む、少ないデータから正しい画像にたどりつく、最新の情報処理の手法に目を付け、予測されるブラックホールの画像の特徴を条件として与えることでコンピューターがより正確な画像を選び出す独自のプログラムを開発しました。

そして、去年6月、実際に各地の望遠鏡から届いたデータをもとに画像化を試みたところ、見事にブラックホールの黒い輪郭の画像が現れたのです。

つまり、ここで行われたデータ処理とは、「観測したデータから（見出したい）ブラックホールの画像を導き出す」ために、「予測されるブラックホールの画像の特徴を条件として与えることでコンピューターが（見出したい）画像を選び出す独自のプログラム」を開発し、それを用いて「見事にブラックホールの黒い輪郭の画像」を得たというわけです。これでは「我々は、我々がそこに見出したいものを観測のうちに見た」ということに他なりません。今回の発表も含めて、現在までに発表された相対性理論を支持する実験データや観測データというものは、多かれ少なかれこのような恣意的なデータの取捨選択から生まれてきたものばかりなのです。彼ら理神論者が、データの恣意的選択という一種の捏造をしてまでも相対性理論を死守しようとするのは、相対性理論が「神=自然」という汎神論的世界観を否定してくれるからなのです。

# 引用文献

田中英道『日本の宗教　本当は何がすごいのか』育鵬社
玄侑宗久『死んだらどうなるの？』筑摩書房
『NHKスペシャル』アインシュタインロマン第3回「光と闇の迷宮　ミクロの世界」1991年放送
髙林武彦『一物理学者の想い』日本評論社
渡部昇一『人は老いて死に、肉体は亡びても、魂は存在するのか？』海竜社
佐伯啓思『反・幸福論』新潮社
櫻澤如一『白色人種を敵として：戦はねばならぬ理由』渡部求編　文章院
デュ・ボア・レーモン『自然認識の限界について・宇宙の七つの謎』坂田徳男訳　岩波書店
パメラ・ワイントロープ編『THE OMNI INTERVIEWS　現代科学の巨人10』田中三彦訳　旺文社
小林達雄『縄文文化が日本人の未来を拓く』徳間書店
西尾幹二『決定版　国民の歴史　上』文藝春秋
『市販本　新版　中学社会　新しい歴史教科書』自由社
金関恕／大阪府立弥生文化博物館編『弥生文化の成立　大変革の主体は「縄文人」だった』角川書店
角田忠信『日本人の脳』大修館書店
イザヤ・ベンダサン『日本人とユダヤ人』山本書店

角田忠信『日本語人の脳』言叢社
辻哲夫『日本の科学思想』こぶし書房
黒川伊保子『日本語はなぜ美しいのか』集英社
福地惇「日本虚人列伝『半藤一利』歴史を知らない人気作家が両陛下に歴史をかたる」（『別冊正論31』「日本型リベラルの化けの皮」より）
渡部昇一『本当のことがわかる昭和史』ＰＨＰ研究所
西尾幹二『ＧＨＱ焚書図書開封６』徳間書店
大東亞戰爭調査會編『米國の世界侵略』呉ＰＡＳＳ出版
渡辺惣樹『誰が第二次世界大戦を起こしたのか――フーバー大統領「裏切られた自由」を読み解く』草思社
髙山正之『アジアの解放、本当は日本軍のお陰だった！』ワック
ジェラルド・ホーン『人種戦争――レイス・ウォー』藤田裕行訳、加藤英明監修　祥伝社
猪木武徳『自由の思想史』新潮社
猪木武徳「歴史と文学に憧れの人はいるか」『産経新聞』平成30年7月27日朝刊「正論」
二宮尊徳『二宮翁夜話』児玉幸多訳　中央公論新社
阿比留瑠比「極言御免　枝野氏はロベスピエールか」『産経新聞』平成31年1月25日朝刊
ウィリアム・Ｇ・カー『闇の世界史』太田龍監訳　成甲書房
福沢諭吉「瘠我慢の説」青空文庫
日下公人／馬渕睦夫『ようやく「日本の世紀」がやってきた』ワック

革島　定雄（かわしま　さだお）

1949年大阪生まれ。医師。京都の洛星中高等学校に学ぶ。1974年京都大学医学部を卒業し第一外科学教室に入局。1984年同大学院博士課程単位取得。1988年革島病院副院長となり現在に至る。

【著書】
『素人だからこそ解る　「相対論」の間違い「集合論」の間違い』（東京図書出版）
『理神論の終焉 ──「エントロピー」のまぼろし』（東京図書出版）
『汎神論が世界を救う ── 近代を超えて』（東京図書出版）
『死後の世界は存在する』（東京図書出版）
『重力波捏造　理神論最後のあがき』（東京図書出版）
『世界は神秘に満ちている ── だが社会は欺瞞に満ちている』（東京図書出版）
『西洋近代思想の呪縛を解く ──「戦後レジーム」からの脱却を』（東京図書出版）
『「リベラル」の正体 ── 誤りを修正するのは学者の務め』（東京図書出版）

# 縄文人の文化的遺伝子を今も受け継ぐ現代日本人

2019年７月20日　初版第１刷発行

著　者　革島定雄

発行者　中田典昭
発行所　東京図書出版
発売元　株式会社 リフレ出版
〒113-0021　東京都文京区本駒込 3-10-4
電話 (03)3823-9171　FAX 0120-41-8080
印　刷　株式会社 ブレイン



ISBN978-4-86641-249-8 C0040
Printed in Japan 2019



ご意見、ご感想をお寄せ下さい。

［宛先］〒113-0021　東京都文京区本駒込 3-10-4
東京図書出版